# SOCIÉTÉ FRANÇAISE
### DE
# PROTECTION CONTRE LE PHYLLOXERA

**SOCIÉTÉ ANONYME**

—

**CAPITAL :**

**1,400,000 fr.**

MARQUE DE FABRIQUE
*Déposée*

**SIÈGE SOCIAL**

**A PARIS**

9, rue Marsollier, 9

# EXPÉRIENCES PUBLIQUES
### SUR LE
# PHYLLOXERICIDE MAICHE

—

### EXTRAITS
#### DE
## PROCÈS-VERBAUX DE CONSTATATIONS

POITIERS

IMPRIMERIE BLAIS, ROY & C$^{io}$

7, RUE VICTOR-HUGO, 7

—

1887

# CONSEIL D'ADMINISTRATION

## PRÉSIDENT

M. le Baron de SOUBEYRAN, O. ✻, Président du Conseil d'Administration
de la *Banque d'Escompte de Paris*.

## ADMINISTRATEURS

MM. Robert de BEAUCHAMP, C. ✻, ancien Administrateur du *Crédit
Foncier de France*.

Émile CLERC, ancien Secrétaire général de la *Banque hypothécaire de
France*.

Sanial du FAŸ, ✻, ancien Préfet.

Le Comte Georges de GERMINY.

LAIR, ✻, Directeur-Administrateur des *Magasins généraux de Paris*.

V. MAC SWINEY, Président du Conseil d'administration de la *Société
de Viticulture Algérienne*.

L. MAICHE, ✻, Ingénieur.

E. PORCHER-LABREUIL, ✻, Inspecteur général de *la Paternelle*.

# SOCIÉTÉ FRANÇAISE

DE

# PROTECTION CONTRE LE PHYLLOXERA

SOCIÉTÉ ANONYME

CAPITAL :

**1,400,000 fr.**

MARQUE DE FABRIQUE
*Déposée*

SIÈGE SOCIAL

A PARIS

9, rue Marsollier, 9

# EXPÉRIENCES PUBLIQUES

SUR LE

# PHYLLOXERICIDE MAICHE

EXTRAITS

DE

## PROCÈS-VERBAUX DE CONSTATATIONS

POITIERS

## IMPRIMERIE BLAIS, ROY & C<sup>ie</sup>

7, RUE VICTOR-HUGO, 7

1887

# NOTA

Adresser toutes les communications concernant la Société au Secrétaire général de la Société, au Siège social, 9, rue Marsollier, à Paris

Voir à la fin de la brochure la Liste des Représentants de la Société.

# PHYLLOXÉRICIDE MAICHE

## ÉTAT DES VIGNES FRANÇAISES

L'envahissement de toute l'Europe par le phylloxera n'étant plus qu'une question de temps, il faut se résoudre à subir le fléau ou à le combattre sans retard d'une manière efficace.

Les chiffres fournis à la Commission supérieure du phylloxera établissent qu'en France, en 1885, l'étendue des vignobles anéantis depuis le commencement de la maladie dépasse un million d'hectares.

Si nous voulons savoir le temps qu'il faudra pour arriver à leur destruction complète, les chiffres suivants nous l'indiquent :

En 1878, la surface attaquée était de 243,048 hectares.

En 1884, cette surface atteignait 664,511 hectares.

L'étendue des vignes malades a donc presque triplé en six ans ; si nous comptons en 1885 un million d'heclares détruits et 664,000 hectares malades, nous avons un total de 1,664.000 hectares.

La totalité des vignobles français avant l'invasion phylloxerique était de 2,500,000 hectares.

Il ne resterait donc que 836,000 hectares sur les anciennes vignes, soit 1/3 environ.

## INSUFFISANCE DES MOYENS PROPOSÉS

Comment se fait-il que tous les efforts tentés par la Commission supérieure du phylloxera et par les syndicats de vigilance n'aient pas eu plus de résultat?

C'est que l'Administration elle-même, dans ses rapports officiels, est obligée de reconnaître qu'aucun des moyens proposés n'est applicable d'une manière générale.

Le rapport de M. Cheysson, adressé à la Commission supérieure du phylloxera pour l'année 1885. donne une explication qui nous édifie complètement.

« On est loin. en effet, dit-il, d'être d'accord sur l'efficacité universelle et absolue des divers procédés mis en œuvre pour combattre le phylloxera. Ils triomphent ici, tandis qu'ils échouent ailleurs.

« Dans tel département, par exemple, le sulfure de carbone fait merveille; dans tel autre, on assure qu'il réussit moins bien. si même il ne donne des mécomptes.

« La submersion n'est possible que dans des circonstances topographiques et hydrographiques assez rares ; le sulfocarbonate exige beaucoup d'eau.

« La reconstitution par les cépages américains soulève la délicate et difficile question de l'adaptation, qui ne peut être résolue que par de longs tâtonnements. »

## LE PHYLLOXERICIDE MAICHE

On comprend très bien que ce qu'il faut, c'est un moyen simple, peu coûteux, pouvant être employé par les viticulteurs eux-mêmes, n'exigeant pas plus d'eau qu'il est possible d'en trouver partout ; enfin que ce moyen, loin de nuire à la vigne et d'arrêter, même momentanément, la végétation, l'active sans épuiser le sol, en produisant à la fois deux effets indispensables : la destruction de l'insecte et la guérison rapide de la plante malade.

La *Société Française de protection contre le Phylloxera*, avant de proposer l'emploi du Phylloxericide Maiche, s'est assurée, par une série d'expériences minutieuses faites avec le plus grand soin, à la suite des rapports les plus concluants, de sa constante efficacité.

Des expériences ont été faites sur les différents points de la France, dans le courant de l'année 1886, en Bourgogne, dans la Drôme, la Gironde, les Charentes, l'Aude, l'Hérault, les Pyrénées-Orientales, le Gard, la Vienne, etc.

Les résultats ont été concluants sur tous les terrains, sur tous les points.

Partout le phylloxera a été détruit en quelques jours et la végétation a repris sa marche normale.

Ces expériences ont été renouvelées cette année (1887), aussitôt que la saison a permis de faire des constatations irréfutables.

Pour chacune de ces expériences, un certain nombre de pieds de vigne étant choisis par les propriétaires intéressés, plusieurs pieds étant arrachés et la constatation des phylloxeras vivants étant bien établie, chacun des autres pieds de vigne a été arrosé à la dose de un à deux litres d'un mélange composé de un à deux kilogrammes de Phylloxericide Maiche dissous dans cent litres d'eau ; quatre à cinq jours après, ces pieds de vigne étant arrachés, puis examinés avec le plus grand soin à la loupe ou au microscope, les phylloxeras furent trouvés morts et quelques jours après il n'en restait plus de trace.

L'arrosage pratiqué à des doses beaucoup plus élevées et répété plusieurs fois, non seulement sur la vigne, mais encore sur les plantes les plus délicates, n'a jamais eu d'autre effet, indépendamment de la destruction des insectes qui pouvaient s'y trouver, que de déterminer un développement remarquable de la végétation.

## ÉPOQUE DU TRAITEMENT

On peut traiter la vigne par le Phylloxericide Maiche en tout temps ; mais l'époque la plus favorable à la démonstration de son efficacité est celle où la végétation est en activité, depuis le mois de mai jusqu'à fin octobre, c'est-à-dire pendant tout le temps où le phylloxera exerce surtout ses ravages.

## SON ACTION SUR LA VIGNE

Il est prouvé, par toutes les expériences faites directement sur les insectes, que ceux qui sont atteints par le Phylloxericide Maiche disparaissent en très peu de temps ; mais on comprend très bien qu'un litre de liquide mis au pied d'un cep ne pourrait pas suffire pour atteindre directement tous les phylloxeras répandus sur des racines souvent assez éloignées.

Le Phylloxericide agit donc aussi d'une autre manière : composé de substances organiques ou végétales assimilables par les racines, il est absorbé par elles comme nourriture et transporté par la sève sur tous les points de la plante. De plus les vapeurs qui s'en dégagent éloignent le phylloxera des racines et les insectes ne tardent pas à périr d'inanition.

Dans tous les cas, l'absorption rapide par les racines de l'engrais que renferme le Phylloxericide les dispose rapidement à une reprise de la végétation et à la reconstitution du chevelu, indispensable à l'alimentation naturelle de la plante.

Il est évident que, si des vignes tellement malades qu'elles n'étaient guère bonnes qu'à être arrachées ont pu être conservées, il est beaucoup plus facile d'arrêter le mal sur celles qui sont nouvellement atteintes et de préserver celles qui ne le sont pas encore.

## MANIÈRE DE L'EMPLOYER

Le Phylloxericide Maiche est un liquide noir, légèrement sirupeux, soluble en toutes proportions dans l'eau, inoffensif pour les personnes et les animaux domestiques, lorsqu'il est dilué aux proportions indiquées; son odeur goudronneuse très forte détourne du reste les animaux d'y goûter. Il n'est pas inflammable.

On prend un kilogramme de Phylloxericide pour cent litres d'eau, on le verse doucement dans l'eau en remuant et le mélange est instantané.

Si la vigne que l'on veut traiter est de grosseur moyenne, deux litres par chaque pied de vigne sont grandement suffisants. On commence par déchausser chaque pied exactement autour du cep, de manière à former en terre un entonnoir d'environ un litre, puis on verse avec une mesure contenant la quantité de liquide, en faisant couler doucement sur le pied de manière à bien mouiller l'écorce à quelques centimètres au-dessus de la terre.

Sur certains ceps d'une grosseur extraordinaire, il est bon d'augmenter la dose dans la quinzaine qui suit le traitement, la presque totalité, souvent même la totalité des phylloxeras disparaît et le petit nombre qui pourrait survivre est impuissant à entraver la marche de la végétation.

Il est important de ne pas arroser la vigne aussitôt après

des pluies persistantes qui, ayant saturé d'eau les racines et la plante tout entière, s'opposeraient à l'absorption du Phylloxericide.

Pour que le traitement soit aussi fructueux que possible, il est tout indiqué d'en appliquer les premières dépenses aux vignes qui sont encore en état de donner au moins une récolte partielle.

Dans les terres argileuses, la dispersion du Phylloxericide est beaucoup moins prompte, et la constatation des résultats ne peut se faire que quinze jours ou trois semaines après. Dans ce cas, les premiers phylloxeras tués ont entièrement disparu sans laisser de traces.

Pour les vignes gravement atteintes, il est préférable de les traiter que d'en replanter de nouvelles. L'arrachage des vieilles souches est une cause de pertes irréparables, et tant qu'il reste assez de végétation pour qu'il soit bien constaté que la vigne est vivante, il y a tout intérêt à la conserver.

Dans tous les cas, aussitôt que le phylloxera est signalé dans une région, il est indispensable de s'occuper sans aucun retard de sa destruction.

Il semble inutile d'insister sur les symptômes auxquels on reconnaît qu'une vigne est plus ou moins atteinte ; il y a maintenant en France, partout, des syndicats de défense contre le phylloxera, composés d'hommes dévoués à leur pays, sur le concours desquels tous les vignerons peuvent compter pour les renseigner.

On ne saurait trop recommander l'emploi du Phylloxericide Maiche, même sur les vignes encore saines, sa valeur intrinsèque comme engrais dédommageant déjà d'une grande partie de la dépense.

Le phylloxera existe souvent depuis plusieurs années sur des vignes qui paraissent indemnes et son développement devient tout à coup si rapide qu'il semble foudroyant ; cela tient à la facilité avec laquelle l'insecte se multiplie sur la vigne malade. La replantation en vignes françaises des vignobles détruits s'imposant comme une conséquence de l'efficacité du traitement des vignes par le Phylloxericide, il est de toute importance de les préserver du phylloxera dès le moment de la plantation.

Pour cela il suffira, avant de planter les jeunes pieds, de les plonger pendant une minute ou deux dans un mélange de Phylloxericide et d'eau à raison de 5 0/0 de Phylloxericide.

Cette précaution si simple à exécuter suffit pour détruire tous les œufs et les phylloxeras vivants qui pourraient se trouver cachés sur les racines ou sous l'écorce au moment de la plantation.

### PRIX DU TRAITEMENT

Le prix du Phylloxericide Maiche est fixé uniformément à 150 francs les cent kilogrammes rendus, franco de port et d'emballage, en gare de destination, en France, par barils de 100 kilos ou de 50 kilos au moins.

Nous avons dit qu'il fallait pour la moyenne des vignes 2 litres d'eau renfermant 1 °/₀ de Phylloxericide ; c'est donc une dépense de 3 centimes par pied de vigne, soit 120 francs pour l'hectare de 4,000 pieds. Cette indication n'est qu'approximative. Il ne faut pas déduire·de là que, sur une vigne plantée à raison de 16,000 pieds, le traitement exigerait quatre fois plus de produit.

Le Phylloxericide doit être employé dans des proportions voisines de 100 kilos par hectare.

La manutention, réduite comme on l'a vu à sa plus simple expression, peut être faite par n'importe qui et coûte, par conséquent, fort peu de chose.

D'après les expériences faites, on peut être sûr qu'après le traitement tous les phylloxeras auront été détruits, mais dans le cas où les vignes voisines n'auraient pas été traitées, on doit redouter une nouvelle invasion et s'en garantir par un nouveau traitement.

## PHYLLOXERICIDE A L'ÉTAT SEC

Malgré la faible quantité d'eau (un à deux litres par pied) nécessaire pour l'emploi du Phylloxericide liquide il y a beaucoup de vignes où il est très difficile de transporter l'eau.

La *Société Française de Protection contre le phylloxera* s'est beaucoup préoccupée de cette objection, et M. Maiche a réalisé une heureuse combinaison du Phylloxericide permettant de l'employer à l'état sec. Les premiers essais en ont été faits dès le mois de mars et ont donné d'excellents résultats. Cependant, la Société a voulu attendre que des démonstrations multiples aient prouvé sans réserve que l'application du Phylloxericide sec pouvait être recommandée avant d'en autoriser la vente.

Partout où il a été essayé, il a été demandé avec tant d'insistance qu'il n'est plus permis d'élever d'objections contre son emploi.

Le Phylloxericide sec se présente sous la forme d'une poudre brune dont l'apparence rappelle le tan de chêne. La désignation de sec n'est que relative, car il est assez humide pour se prendre en masse par la compression de la main.

Il s'emploie, comme le Phylloxericide liquide, à la dose de deux décilitres environ qui doivent être répartis autour des racines, au fond d'une ouverture creusée en couronne aussi profondément que possible au pied de chaque cep, sans toucher les racines ; on recouvre de terre en tassant fermement pour empêcher l'évaporation inutile.

Les vapeurs qui se dégagent du Phylloxericide sec se répandent partout en terre et tuent rapidement le phylloxera partout où il se trouve.

La terre étant rapidement imprégnée de ces vapeurs, il n'est pas nécessaire de dégarnir trop nettement la racine : un coup de pelle ou de pioche appliqué maladroitement sur l'écorce à certains moments de la pousse peut atteindre la vitalité de la plante. Dans ce cas, on pourrait à tort attribuer à l'action du Phylloxericide ce qui ne serait dû qu'à une blessure faite directement à la vigne.

L'action du Phylloxericide sec sur le phylloxera peut se

prolonger pendant plusieurs mois, et il est précieux en ce sens qu'il préserve absolument de toute réinvasion pendant très longtemps.

La Société publiera les procès-verbaux de constatation à mesure qu'elle les recevra.

---

Nota. — Le Phylloxericide, soit liquide, soit à l'état solide, peut être plus ou moins noir ; la couleur ne peut influencer en rien sa qualité. Il est tout dosé au même degré et la fabrication invariable dans les proportions. Sa couleur plus ou moins foncée peut être attribuée à des traces de noir de fumée qui restent dans les substances goudronneuses employées.

*Voir à la fin de la brochure la Liste des Représentants de la Société.*

# EXPÉRIENCES PUBLIQUES

## SUR LE

# PHYLLOXERICIDE MAICHE

---

## EXTRAITS DE PROCÈS-VERBAUX DE CONSTATATIONS

---

# PROCÈS-VERBAL

---

## EXPÉRIENCE DU 15 AVRIL 1887

### ARRONDISSEMENT DE GRASSE (Alpes-Maritimes).

**Sous la direction de M. P. LABREUIL, Administrateur de la Société Française de protection contre le Phylloxera.**

---

Le **15 avril 1887**, la *Société Française de protection contre le Phylloxera*, dont le Siège est à Paris, rue Marsollier, 9, a appliqué le Phylloxericide Maiche sur des vignes situées sur la commune de Grasse, arrondissement de Grasse (Alpes-Maritimes), appartenant à M. Joseph FUNEL.

Ces vignes, âgées de cinq ans, étaient phylloxerées depuis environ deux années.

Après avoir constaté l'existence du phylloxera sur lesdites vignes, les personnes présentes à l'expérience ont désigné un carré de 250 pieds pris dans la partie la plus phylloxérée ; on a procédé alors de la manière suivante : chaque pied préalablement déchaussé, de manière à former un petit entonnoir, a été arrosé par deux litres de solution aqueuse, contenant 1 0|0 de Phylloxéricide.

Étaient présents :

MM. Alfred PONS, propriétaire. — Albin MAREY propriétaire. — Édouard JEMBERT, propriétaire. — Honoré CHARNIER, propriétaire. — Joseph OLLIVIER, propriétaire. — Antoine OLLIVIER, propriétaire. — Joseph FUNEL et François GRIFFONY.

Tous domiciliés à Grasse.

Et MM. DE LOCHE, Inspecteur de la Société; J. SIBON, Opérateur de la Société, lesquels ont signé le présent procès-verbal et se sont ajournés à trois semaines pour vérifier les résultats.

<table>
<tr><td>A. OLLIVIER.</td><td>H. CHARRIÉ.</td><td>DE LOCHE.</td></tr>
<tr><td>J. OLLIVIER.</td><td>SIBON.</td><td>GRIFFONY.</td></tr>
<tr><td>AD. PONS.</td><td>E. JEMBERT.</td><td>FUNEL.</td></tr>
</table>

## CONSTATATION

**Le 10 Mai 1887**, en présence de M. DU FAY, Administrateur de la Société,

Et sous la direction de M. DE LOCHE, Inspecteur,

Les soussignés, qui avaient assisté à l'opération du Phylloxericide Maiche le 15 Avril dernier sur la vigne de M. FUNEL,

**Déclarent s'être transportés sur le terrain complanté de vignes**

qui a servi aux expériences. Après avoir fait déraciner  plusieurs ceps, ils n'ont constaté sur les racines la présence d'aucun phylloxera ; un seul puceron mort a été trouvé sur une radicelle.

A la suite de cette constatation, on a fait examiner un certain nombre de vignes du même vignoble n'ayant pas été traitées. La présence de nombreux phylloxeras et d'œufs a été constatée sur les racines.

Le propriétaire a déclaré que les vignes traitées accusaient une végétation plus vigoureuse que celles qui n'ont subi aucun traitement.

En foi de quoi a été dressé et signé le  présent procès-verbal par les membres de la Commission.

# PROCÈS-VERBAL

## EXPÉRIENCE DU 16 AVRIL 1887
### (Arrondissement de NICE)

**Application du Phylloxericide Maiche sur la vigne de M. Bernard,
commune de la Trinité-Victor.**

En présence de M. Couanon, Inspecteur des services du phylloxera, délégué spécialement par M. le Ministre de l'Agriculture pour assister à ladite expérience, et de M. Gos, délégué départemental du service phylloxérique des Alpes-Maritimes, et sous la direction de M. P. Labreuil, administrateur de la *Société Française contre le Phylloxera*, dont le siège est à Paris, 9, rue Marsollier, qui a constaté, d'accord avec la Commission, l'état déplorable du sol, par suite de la grande humidité,

Nous, soussignés, déclarons avoir assisté à l'application du Phylloxericide Maiche qui a été faite, le 16 avril 1887, sur les vignes de M. Bermond, commune de la Trinité-Victor.

Cette vigne est âgée de quinze ans, et phylloxerée depuis trois ans environ.

Après avoir constaté sur plusieurs pieds la présence du phylloxera et reconnu que la vigne est bien phylloxerée, nous avons désigné un carré de 200 pieds pris dans la partie la plus phylloxerée.

Le traitement a été ensuite appliqué de la manière suivante : chaque pied, déchaussé légèrement, en forme de petit entonnoir, a été arrosé par une solution aqueuse contenant deux pour cent de Phylloxericide Maiche.

Etaient présents :

MM. Couanon, inspecteur des services du phylloxera, délégué spécialement par M. le Ministre de l'Agriculture. — Juge, propriétaire, secrétaire général de la Société d'agriculture. — Gos, professeur départemental d'agriculture à Nice, délégué départemental du service phylloxerique des Alpes-Maritimes. — Levallois, directeur de la station agronomique à Nice. — Hallouet, inspecteur des forêts à Nice. — Dutertre, station agronomique à Nice. — Comte Chandon de Briailles, à Nice. — Bermond Jacques, propriétaire à la Trinité-Victor. — Grimaldi, propriétaire à Nice. — Bianchi, propriétaire à Nice. — Carlin Étienne, propriétaire à Nice. — Champsaur, inspecteur adjoint des forêts à Nice. — Barelli, propriétaire à Nice. — Bruli, préparateur de la station agronomique à Nice. — Tivoli, propriétaire à Lyon. — Bauquier, propriétaire, avocat à Nice. — Allouet, propriétaire à Saint-Sauvat. — Scoffier, maire à la Trinité-Victor. — Gelharey, conseiller municipal à la Trinité-Victor. — Conso, conseiller municipal à la Trinité-Victor. — Mars Claude, propriétaire à la Trinité-Victor. — Delfino Édouard, propriétaire et chevalier de la couronne d'Italie. — Fulconis frères, fermiers. — Veran, négociant, propriétaire à la Trinité-Victor. — Covin, négociant, propriétaire à Points-de-Conti. — Castel, propriétaire à la Trinité-Victor. — Henri Louis. — Botte Émile. — Bermond Jean, propriétaires à la Trinité-Victor. — Chaon frères, propriétaires à Drap. — Deleuse, propriétaire à Drap. — Arnulfe César, propriétaire à la Trinité-Victor. — Arnulfe Pierre, propriétaire à Drap. — Carlin Étienne, propriétaire à Couts. — Baudoin André, propriétaire à la Trinité.

Lesquels ont nommé d'un commun accord une Commission spécialement chargée de suivre l'expérience. Cette Commission, qui s'est ajournée à trois semaines pour constater le résultat du traitement, se compose de huit membres qui ont signé le présent procès-verbal.

> MM. HALLOUET J.-B., propriétaire à Saint-Jeannet. — Charles JUGE, secrétaire général de la Société d'agriculture. — LEVALLOIS, directeur de la station agronomique. — CHAMPSAUR, inspecteur adjoint des forêts. — J. BERMOND. — ROUQUIN. — Étienne CARLIN. — GRIMALDI. — GOS, professeur départemental d'agriculture.

## CONSTATATION

Le 11 mai 1887, sur la convocation de M. Juge, secrétaire de la Société agricole, à neuf heures du matin, la Commission ci-dessus présentée s'est transportée sur le lieu d'expérience et a fait procéder au déchaussement de huit ceps de vigne ayant été traités par le Phylloxéricide Maiche. Sur six de ces huit pieds, il n'a été constaté la présence d'aucun phylloxera ; sur les deux autres, on a remarqué à la loupe un certain nombre de phylloxeras que l'on croyait vivants ; mais, vérifiés au microscope, il a été reconnu que la plus grande partie était réellement bien morte et que quelques-uns, quoique paraissant vivants, semblaient ne pas posséder leur énergie habituelle ; tandis que, sur les ceps non traités, les phylloxeras étaient trouvés vivants en grande quantité.

*Le Président de la Commission,*

HALLOUET.

# PROCÈS-VERBAL

## EXPÉRIENCE DU 6 MAI 1887

**Application du Phylloxericide Maiche sur la vigne de M.Bonnary, propriétaire à Caissargues, commune de Bouillargues (Gard).**

En présence de.....

Et sous la direction de M. F. DE LOCHE, Inspecteur de la *Société Française de protection contre le Phylloxera*, dont le siège est à Paris, rue Marsollier, n° 9,

Les soussignés déclarent avoir assisté à l'application du Phylloxericide Maiche qui a été faite, le 6 mai 1887,

Sur les vignes de M. BONNARY, propriétaire à Caissargues (Gard).

Cette vigne est âgée de cinq ans et phylloxerée depuis deux ans environ.

Après avoir constaté sur plusieurs pieds la présence du phylloxera et reconnu que la vigne est bien phylloxerée, ils ont désigné un carré de 99 pieds.

Le traitement a été ensuite appliqué de la manière suivante : chaque pied, déchaussé légèrement en forme de petit entonnoir, a été arrosé par une solution aqueuse contenant deux pour cent de Phylloxericide Maiche.

Étaient présents :

MM. BRUNETON, Président de la Société d'Agriculture du Gard. — Adolphe PIEYRE, ancien Député, membre de la Société des Agriculteurs de France. — MAURIN, directeur des syndicats agricoles du Vaucluse. — Léonce GUIRAUD, propriétaire. — Arnaud GAIDAN, banquier, propriétaire. Octave VIVIEZ DE CHATELARD, propriétaire à la Bastide. — Samuel GUÉRIN, manufacturier. — Louis GUÉRIN, conseiller général. — Louis AVIGNON, propriétaire. — BÉDOS fils, géomètre expert. — Louis MATHIEU, propriétaire. — PÉCHERAL François, propriétaire. — PÉCHERAL Adolphe, propriétaire. — MARTIN, propriétaire. — MARTIN François, propriétaire. — VINCENT Étienne, propriétaire. — RIGAL, entrepreneur. — AVIGNON Léon, propriétaire. — REBOUL, propriétaire. — BONNARY, propriétaire. — FINIELS, agent de la Société. — PÉNOT fils, agent de la Société, propriétaire à Générac, membre de la Société des Agriculteurs de France et du Syndicat central des Agriculteurs de France.

Lesquels ont nommé, d'un commun accord, une Commission spécialement chargée de suivre l'expérience. Cette Commission, qui s'est ajournée pour constater le résultat du traitement, se compose de 9 membres, qui ont signé le présent procès-verbal.

*Signé* : BRUNETON. — BONNARY. — MARTIN. — Léon AVIGNON. — François PÉCHERAL. — GUIRAUD. — BÉDOS. — G. MAURIN. — Adolphe PÉCHERAL.

# CONSTATATION

Le **13 Mai 1837**, la vérification de l'expérience faite sur la vigne de M. Bonnary, à Caissargues, le 6 Mai courant, a été effectuée par les soussignés présents à l'application du Phylloxéricide Maiche.

Sept souches ont été examinées avec soin : sur cinq, on n'a pas trouvé de phylloxera ; sur une des deux autres on a découvert un phylloxera de coloration verdâtre et ayant une tache noire sur la moitié du corps, quelques œufs étaient à côté, de couleur foncée et laiteuse ; un seul était jaune, mais il n'était par transparent. Sur l'autre souche on a constaté un phylloxera de coloration un peu verdâtre et semblant ne pas être dans son état normal ; tout à côté, on a vu, de la manière la plus distincte, les peaux et les restes desséchés de plusieurs phylloxeras.

Une souche a été complètement arrachée, aucun phylloxera n'y a été découvert.

Sur les racines des ceps non traités du même vignoble, on a trouvé un assez grand nombre de phylloxeras très gros et parfaitement vivants.

En foi de quoi le procès-verbal a été dressé et signé par la Commission pour valoir ce que de droit.

# LETTRE DE M. F. DE LOCHE

Sainte-Marthe, le 18 Mai 1887.

*A Monsieur le Secrétaire général de la* Société Française
de protection contre le Phylloxera

*PARIS.*

Monsieur le Secrétaire général,

J'ai l'honneur de vous adresser ci-joint, par pli recommandé, le procès-verbal de la vérification à Aix.

N'ayant pu faire l'expérience, comme me l'avait promis le professeur d'agriculture, dans le champ d'expérience du Comice agricole d'Aix, j'avais dû, pour donner satisfaction aux personnes qui avaient répondu à la convocation, accepter la vigne que M. André mettait à ma disposition, bien qu'elle se trouvât dans des conditions assez défavorables. Cette vigne, quoique jeune (5 à 6 ans), étant très phylloxerée, avait été à peu près abandonnée par son propriétaire ; elle n'avait pas été piochée et les herbes l'envahissaient ; cependant, ayant remarqué dans une certaine partie une bonne végétation, je m'étais décidé à la traiter, tout en faisant mes réserves.

Dans ces conditions, ce n'est pas sans une certaine appréhension que j'ai procédé hier à la vérification du résultat. Aussi ma satisfaction a-t-elle été d'autant plus grande lorsque j'ai constaté le prodigieux effet du Phylloxericide.

Le professeur d'agriculture, M. FAUDRIN, très incrédule, a fait arracher entièrement deux souches. Les souches avaient des racines d'une très grande longueur ; elles étaient littéralement couvertes de phylloxeras ; un très petit nombre de phylloxeras paraissaient plus ou moins vivants, mais tous les autres étaient noirs et comme grillés, et cela jusqu'au bout des plus longues racines, et notez, Monsieur le Secrétaire général, que le traitement n'avait eu lieu qu'à un pour cent. Une souche voisine, non traitée, a été examinée ; elle était tellement couverte de phylloxeras qu'on ne voyait en quelque sorte plus le bois. Ces phylloxeras étaient tous jaunes et parfaitement vivants et n'avaient aucunement l'aspect de ceux traités sur les souches.

Pour moi, cette constatation est très importante et extrèmement concluante.

Veuillez agréer, Monsieur le Secrétaire général, etc.

# PROCÈS-VERBAL

## EXPÉRIENCE DU 3 MAI 1887

**Application du Phylloxericide Maiche sur la vigne de M. André Louis, propriétaire au quartier Saint-Eutrope, à Aix (Bouches-du-Rhône).**

En présence de...

Et sous la direction de M. DE LOCHE, Inspecteur de la *Société Française de protection contre le Phylloxera*, dont le siège est à Paris, rue Marsollier, n° 9.

Les soussignés déclarent avoir assisté à l'application du Phylloxericide Maiche qui a été faite, le mardi 3 Mai 1887, sur les vignes de M. André.

Cette vigne est âgée de cinq ans et phylloxérée depuis deux ans environ.

Après avoir constaté sur plusieurs pieds la présence du phylloxera et reconnu que la vigne est bien phylloxérée, ils ont désigné un carré de 132 pieds.

Le traitement a été ensuite appliqué de la manière suivante : chaque pied, déchaussé légèrement en forme de petit entonnoir, a été arrosé par une solution aqueuse contenant un pour cent de Phylloxericide Maiche.

Étaient présents :

MM. Vicomte d'ESTIENNE DE SAINT-JEAN, propriétaire à Aix. — SOUBRAT, Président du Comice agricole d'Aix. — FAUDRIN, professeur d'agriculture. — A. D'ESTIENNE DE

Saint-Jean, propriétaire à Aix. — Léopold Boyer, propriétaire à Aix. — Antony Huntymann, propriétaire à Aix. — Louis André, propriétaire à Aix. — Remondet, Directeur du journal *le Mémorial*. — Audibert Auguste, substitut du procureur de la République. — Auguste Étienne, agent de la Société.

Lesquels ont nommé d'un commun accord une Commission chargée de suivre l'expérience. Cette Commission, qui s'est ajournée au 17 Mai 1887, pour constater le résultat du traitement, se compose des membres qui ont signé le présent procès-verbal.

MM. Faudrin.— Léopold Boyer.— Vicomte d'Estienne de Saint-Jean. — A. Huntymann. — L. André. — Remondet. — A. Estienne. — A. Audibert.

## CONSTATATION

Le 17 Mai 1887, sur la convocation de M. de Loche, Inspecteur de la Société, a eu lieu la vérification de l'expérience faite le 3 mai courant sur la vigne de M. André, propriétaire à Aix, quartier de Saint-Eutrope, par l'application du Phylloxericide Maiche.

Deux souches ont été entièrement arrachées; il a été constaté sur leurs racines un grand nombre de phylloxeras noirs et morts pour la plupart; quelques-uns, de coloration jaune, étaient encore vivants. Sur une souche arrachée dans la partie non traitée on a constaté une quantité innombrable de phylloxeras jaunes et vivants; aucun n'avait la coloration et l'aspect de ceux remarqués sur les souches traitées.

En foi de quoi le présent procès-verbal a été dressé et signé par la Commission pour valoir ce que de droit.

Aix, quartier Saint-Eutrope, le 17 mai 1887.

# PROCÈS-VERBAL

## EXPÉRIENCE DU 4 MAI 1887

**Application du Phylloxericide Maiche sur la vigne de M. Gabriel Sérignan, fermier de M<sup>lle</sup> Honorine Maillard, propriétaire à Sonnailler, commune d'Arles (Bouches-du-Rhône).**

En présence de.....

Et sous la direction de M. DE LOCHE, Inspecteur de la *Société Française de protection contre le Phylloxera*, dont le siège est à Paris, rue Marsollier, 9;

Les soussignés déclarent avoir assisté à l'application du Phylloxericide Maiche qui a été faite, le 4 mai 1887, sur les vignes de M<sup>lle</sup> Honorine Maillard, propriétaire à Sonnailler, commune d'Arles.

Cette vigne est âgée de cinq ans et phylloxérée depuis deux ans environ.

Après avoir constaté sur plusieurs pieds la présence du phylloxera et reconnu que la vigne est bien phylloxérée, ils ont désigné un carré de 172 pieds.

Le traitement a été ensuite appliqué de la manière suivante, chaque pied, déchaussé légèrement en forme de petit entonnoir, a été arrosé par une solution aqueuse contenant deux pour cent de Phylloxericide Maiche.

Étaient présents :

MM. Le comte DE CHEVIGNÉ. — Pierre DE WARUS. — ALAYARD, propriétaire du château Brunet. — J.-B. LONGUET. — MAILLARD. — Pierre RIPERT.— Henri SERIGNAN.— JOUBE. — Gabriel SERIGNAN. — BERNIER. — TREILLE. — Célestin VINCENT. — Antonin VINCENT. — BOYER. — BARBÉSIER. — Ange GAY. — Michel VINCENT. — Guillaume BRUYÈRE.— François COULET. — Guillaume CIBOUILLE.— DE COURTOIS.— GOUTIER DES COTTES, propriétaires à Arles. — D'ANTRELEAU, avocat, propriétaire à Arles. — Martial GAY, agent de la Société, propriétaire à Arles.

Lesquels ont nommé d'un commun accord une Commission chargée de suivre l'expérience. Cette Commission, qui s'est ajournée à......., pour constater le résultat du traitement, se compose de huit membres, qui ont signé le présent procès-verbal.

MM. ALAYARD.— TREILLE. — Comte DE CHEVIGNÉ. — Célestin VINCENT. — Henri SÉRIGNAN.— Michel VINCENT. — Gabriel SÉRIGNAN. — Pierre BARBÉSIER.

## CONSTATATION

Le 12 Mai 1887, sur la convocation de M. P. LABREUIL, administrateur de la Société, la vérification du traitement effectué sur la vigne de M<sup>lle</sup> Honorine Maillard, à Sonnailler, commune d'Arles, au moyen du Phylloxericide Maiche, a eu lieu devant les soussignés, qui avaient assisté à l'application faite le 4 mai courant. S'étant transportés sur les lieux, douze ceps, désignés par les personnes présentes, ont été vérifiés après déchaussement des racines; sur aucun il n'a été trouvé de phylloxera, sauf un pied sur lequel on a reconnu une agglomération de phylloxeras morts; tandis que, sur un certain nombre de pieds non traités, il a été constaté un très grand nombre de phylloxeras vivants.

En foi de quoi ils ont signé le présent procès-verbal.

*Sonnailler, le 12 mai 1887,*

> MM. MAILLARD; — Antoine BARBESIER. —
> Henri SÉRIGNAN. — Gabriel SÉRI-
> GNAN. — Joseph MAILLARD fils. —
> Martial GAY. — Célestin VINCENT

# PROCÈS-VERBAL

## EXPÉRIENCE DU 4 MAI 1887

**Application du Phylloxericide Maiche sur la vigne de M. Chevreau fils, propriétaire à Brizay (Indre-et-Loire).**

En présence de M. Hausse, Juge de paix à l'Ile-Bouchard, A. Loiseleur, Président du comice agricole de l'arrondissement de Chinon; Carroy, propriétaire aux Charpentières; L. Million, Million Charlotte, E. Savary, Constantin Ménard (Victor), Vallé, Guilloteau, maire de l'Ile-Bouchard; Achille Chevreau, Moreauld, etc., etc.,

Et sous la direction de M. P. Labreuil, administrateur de la *Société Française de protection contre le Phylloxera*, dont le siège est à Paris, rue Marsollier, n° 9,

Les soussignés déclarent avoir assisté à l'application du Phylloxericide Maiche, qui a été faite, le 4 mai 1887, sur les vignes de M. Chevreau fils, propriétaire à Brizay (Indre-et-Loire).

Cette vigne est âgée de huit ans et phylloxérée depuis sept ans environ.

Après avoir constaté sur plusieurs pieds la présence du phylloxera et reconnu que la vigne est bien phylloxérée, ils ont désigné un carré de 197 pieds.

Le traitement a été ensuite appliqué de la manière suivante : chaque pied, déchaussé légèrement en forme de petit entonnoir, a été arrosé par une solution aqueuse contenant un pour cent de Phylloxericide Maiche.

Etaient présents :

MM. HAUSSE, Juge de paix, président de la Société d'agriculture de l'arrondissement de Chinon et membre de la Société des Agriculteurs de France. — LOISELEUR. — CAFROY. — L. MILLION. — MILLION Charlotte. — E. SAVARY. — Constantin MÉNARD (Victor). — VALLÉ. — GUILLOTEAU. — CHEVREAU. — MOREAULD. — MASSÉ. — A. LAMY, banquier. GIRAULT Raoul, conseiller général. — B. GERRAND. — P. FOUCHER.

Lesquels ont nommé d'un commun accord une Commission spécialement chargée de suivre l'expérience. Cette Commission, qui s'est ajournée à quinzaine pour constater le résultat du traitement, se compose de dix membres qui ont signé le présent procès-verbal.

MM. C. HAUSSE. — MOREAULD. — LOISELEUR. — CARREY. — GUILLOTEAU. — Achille CHEVREAU. — GIRAULT. — P. FOUCHER. — MILLION. — L. MILLION.

NOTA. — L'expérience de Brizay, chez M. Chevreau, a été faite en partie avec du Phylloxericide à l'état sec, en partie avec du produit liquide, et exécutée dans les conditions suivantes :

Sur six rangées consécutives de ceps traités, les deux les plus voisines de l'extrémité du vignoble, l'une comptant 45 souches et l'autre 42, ont été traitées avec le produit sec.

Les trois suivantes en remontant, l'une de 35 pieds, la seconde de 30 et la troisième de 25, ont été soumises au traitement liquide.

Enfin la sixième rangée, composée de 20 ceps, a été traitée avec le Phylloxericide à l'état sec.

*Fait à Brizay, le 4 mai 1887.*

H. DE MORTILLET.

---

## CONSTATATION

**Propriété de M. Chevreau, propriétaire au Plessis, commune de Brizay.**

Sur la convocation de M. P. LABREUIL, administrateur de la Société, le 15 Mai 1887, à une heure de l'après-midi, nous, membres de la Commission, nous nous sommes transportés sur le champ d'expériences du 4 mai du présent mois. A notre demande ainsi qu'à celle des nombreuses personnes présentes, une certaine quantité de ceps traités au Phylloxericide Maiche ont été arrachés avec le plus grand soin jusqu'à l'extrémité des racines ; un certain nombre a été fouillé afin d'en pouvoir extraire des racines avec les radicelles ; le tout ayant été très attentivement examiné à la loupe, il n'a été trouvé que des phylloxeras morts, sauf sur un cep, où il existait plusieurs phylloxeras d'une couleur très foncée qui paraissaient encore un peu vivants. Alors la Commission, désirant se rendre un compte encore plus exact de l'état de ces derniers Phylloxeras, a fait à domicile une expérience au microscope, laquelle a démontré que ces insectes étaient bien morts, quoique de prime abord et à la loupe ils avaient conservé une apparence de vitalité.

Une vérification a été également faite le même jour et pour la première fois pour l'emploi du même produit, mais à l'état sec ; après examen de ceps arrachés avec leurs radicelles, la Commission et les assistants ont constaté avec une vive satisfaction que les résultats étaient encore plus accentués que dans les vignes traitées au liquide, et surtout la diffusion s'étendait à une plus grande distance, bien que depuis le jour de l'expérience faite en terrain sec celui-ci n'ait pas été détrempé par les eaux pluviales.

En foi de quoi le présent procès-verbal a été dressé et signé par la Commission.

# PROCÈS-VERBAL

## EXPÉRIENCE DU 4 MAI 1887

**Application du Phylloxericide Maiche sur la vigne de M^{me} V^e Pallu, exploitée par M. Carroi (Louis), fermier, propriétaire à la Guennée-Brizay, près l'Ile-Bouchard (Indre-et-Loire).**

En présence de MM. Gilbert DE VAUTHIBAULT, propriétaire à l'Ile-Bouchard ; ROULET, propriétaire à Saint-Époin ; Pierre BRUNET ; MORRUAU, propriétaire à Saint-Maure ; DE LA SOULOIS, banquier à Chinon ; SIEKLUCKI, propriétaire à Saint-Maure ; BOUDICHON, à Saint-Maure ; BRICAULT, receveur d'enregistrement à l'Ile-Bouchard ; LOURY, propriétaire à Bourgueil et membre du comice agricole de l'arrondissement de Chinon ; TEVANNE, notaire à l'Ile-Bouchard ; ROBIN, notaire à l'Ile-Bouchard ; BEAUVILAIN, propriétaire à Noyant ; Charles LHUILLIER, propriétaire à l'Ile-Bouchard ; FONTENEAU, propriétaire à l'Ile-Bouchard ;

Et sous la direction de M. P. LABREUIL, administrateur de la *Société Française de protection contre le Phylloxera*, dont le siège est à Paris, rue Marsollier, n° 9,

Les soussignés déclarent avoir assisté à l'application du Phylloxericide Maiche qui a été faite le 4 mai 1887 sur la vigne de M^{me} V^e Pallu, exploitée par M. Carroi Louis, propriétaire à la Guennée-Brizay, près l'Ile-Bouchard (Indre-et-Loire).

Cette vigne est âgée de treize ans et phylloxerée depuis trois ans environ.

Après avoir constaté sur plusieurs pieds la présence du Phylloxera et reconnu que la vigne est phylloxerée, ils ont désigné un carré de 140 pieds.

Le traitement a été ensuite appliqué de la manière suivante : chaque pied, déchaussé légèrement en forme de petit entonnoir, a été arrosé par une solution aqueuse contenant un pour cent de Phylloxericide Maiche.

Et les membres présents ont nommé d'un commun accord une Commission spécialement chargée de suivre l'expérience. Cette Commission, qui s'est ajournée à quinzaine pour constater le résultat du traitement, se compose de seize membres qui ont signé le procès-verbal.

MM. Joubert. — Hausse, juge de paix. — Guilloteau. — Foucher. — A. Loiseleur. — Bouquaux. — Moreau. — Carroy. — Million. — L. Million. — Robin. — A. Monjalon. — Girault, conseiller général. — M. de Vautibault.

---

## CONSTATATION

Le 15 Mai 1887, sur la convocation de M. P. Labreuil, Administrateur de la Société, nous nous sommes transportés sur le lieu d'expérience traité le 4 mai. A la demande des nombreuses personnes présentes, un certain nombre de ceps ayant été complètement arrachés et d'autres simplement fouillés, afin de pouvoir examiner attentivement à la loupe les racines et radicelles, il a été sur la plupart des pieds reconnu que les phylloxeras étaient disparus ou morts ; cependant, sur plusieurs racines, les plus éloignées du corps du cep, quelques phylloxeras semblant encore vivants ont été remarqués, bien que néanmoins lesdits phylloxeras fussent d'une teinte beaucoup plus foncée que le phylloxera à l'état normal.

La Commission, désirant se rendre un compte encore plus exact de l'état des phylloxeras trouvés, a fait à domicile une expérience au microscope, et il a été reconnu à l'unanimité que l'insecte qui à la loupe avait conservé une couleur encore jaunâtre était néanmoins mort.

En foi de quoi le présent procès-verbal a été dressé et signé par la Commission.

# PROCÈS-VERBAL

## EXPÉRIENCE DU 5 MAI 1887

**Application du Phylloxericide Maiche sur la vigne de M. Plumereau (Honoré), à Migné-les-Lourdines (Vienne).**

En présence de .

MM. A. PELTIER. — ROUSSEAU (Léon). — Victor SURRAULT. — A. GRILLART. — MESAGER (Jean). — VAUDELEAU. — LAVERDIN. — A. BRUNETEAU. — PROUST. — Y. PLUMEREAU. — A. MORIN. — René DESGRIS. — ABONNEAU (Alphonse). Y. MAROT. — CAILLAS (Charles). — MAROT (Edmond), FAURE (Henri), docteur. — MAROT (Félix). — ROBIN (Arcis). — GIRAULT (Claude). — GARNIER (Camille). — MEUNIER (Félix). — PRUNGET (Alfred). — BOBIN (Charles). — DUGUÉ (Louis). — GRILLART. — PETIT.

Et sous la direction de M. H. DE MORTILLET, inspecteur de la *Société Française de protection contre le Phylloxera*, dont le siège est à Paris, rue Marsollier, n° 9,

Les soussignés déclarent avoir assisté à l'application du Phylloxericide Maiche qui a été faite le 5 mai 1887 sur les vignes de M. Plumereau (Honoré), à Migné-les-Lourdines (Vienne).

Cette vigne est âgée de quinze ans et phylloxérée depuis trois ans environ.

Après avoir constaté sur plusieurs pieds la présence du phylloxera et reconnu que la vigne est bien phylloxérée, ils ont désigné un carré de 200 pieds.

Le traitement a été ensuite appliqué de la manière suivante : chaque pied, déchaussé légèrement en forme d'entonnoir, a été arrosé par une solution aqueuse contenant un pour cent de Phylloxericide Maiche.

Étaient présents :

MM. Léon ROUSSEAU. — A. PELTIER. — A. GRILLART.   V. SURRAULT. — MESAGER Jean. — VAUDELEAU. — LAVERDIN. — A. BRUNETEAU. — PROUST. — Y. PLUMEREAU. — A. MORIN. — René DESGRIS. — Alphonse ABONNEAU. — Y. MAROT. — CAILLAS Charles. — C. AURIAULT. — TEXEREAU. — A. MANOT. — J. PLUMEREAU. — E. PLUMEREAU. — E. ROUX. — GENNETAULT. — C. SURRAULT. — E. DOMINAULT. — Aristide DUVAULT. — Armand LAVERRIE. — CHEVROS. — A. GRILLARD. — A. MAGONNEAU. — A. NAUDIN. — QUENTIN.

Lesquels ont nommé, d'un commun accord, une Commission spécialement chargée de suivre l'expérience. Cette Commission, qui s'est ajournée à quinzaine pour constater le résultat du traitement, se compose de six membres qui ont signé le présent procès-verbal.

MM. A. PELTIER. — V. SURRAULT. — PROUST. — Y. MAROT. — A. GRILLART. — Léon ROUSSEAU.

# CONSTATATION

Le **16 mai 1887**, sur la convocation de M. P. LABREUIL, Administrateur de la Société, nous nous sommes transportés sur les lieux du champ d'expérience ; un certain nombre de ceps ayant été arrachés et minutieusement vérifiés à la loupe, il a été impossible d'y découvrir le moindre phylloxera vivant tandis que, sur les parties de vigne non traitées, le phylloxera a été reconnu en grande quantité et parfaitement vivant. Les soussignés constatent que le terrain est léger.

En foi de quoi, le présent procès-verbal a été dressé et signé par les Membres présents de la Commission.

# PROCÈS-VERBAL

---

## EXPÉRIENCE DU 4 MAI 1887

---

**Application du Phylloxericide Maiche sur la vigne de M. Maingon,
Régisseur de M. Heine, à Richelieu (Indre-et-Loire).**

En présence de :

MM. L. de MAUVISSE, L. FROGER, BILLARD, JARRY, GUIMES,
A. RAVION, GUMAT, MICHAUT, BONNEAU, BEAUSSE, BOIS-
LABEILLE, E. SAVATIER, C. DOUSSARD, D. BERTRAND, GI-
RAUDEAU, DELÉTANG, Pierre CARROY, DAVID VALLET, ROUX,
GUILLOT, Ch. BONNEAU, DAVID, CHALLEAU, Junier LAURIN,
MAINGON, régisseur chez M. Heine.

Et sous la direction de M. P. LABREUIL, administrateur de la
*Société Française de protection contre le Phylloxera*, dont le
siège est à Paris, rue Marsollier, n° 9,

Les soussignés déclarent avoir assisté à l'application du
Phylloxericide Maiche qui a été faite, le 4 mai 1887, sur les vignes de M. Maingon.

Cette vigne est âgée de dix-huit ans et phylloxerée depuis sept
ans environ.

Après avoir constaté sur plusieurs pieds la présence du phylloxera et reconnu que la vigne est bien phylloxerée, ils ont désigné un carré de 380 pieds.

Le traitement a été ensuite appliqué de la manière suivante :

Chaque pied, déchaussé légèrement en forme de petit entonnoir, a été arrosé par une solution contenant un pour cent de Phylloxericide Maiche.

Étaient présents :

*(Suivent 42 signatures.)*

Lesquels ont nommé, d'un commun accord, une Commission chargée de suivre l'expérience.

Cette Commission, qui s'est ajournée à quinzaine pour constater le résultat du traitement, se compose de quatorze membres qui ont signé le présent procès-verbal :

MM. A. RAVION. — J. BONNEAU. — JARRY. — GUMAT. — MICHAUT. — BILLARD. — BOISLABEILLE. — E. SAVATIER. — BEAUSSE. — RAVIER. — MAINGON. — BONNEAU. — 2 signatures illisibles.

---

## CONSTATATION

Le **15 Mai 1887**, sur la convocation de M. P. LABREUIL, Administrateur de la Société, nous nous sommes transportés sur les lieux du champ d'expérience. Un nombre de ceps de vigne ayant été arrachés jusqu'à l'extrémité des radicelles, lesquelles ont été vérifiées à la loupe avec le plus grand soin, il a été impossible de découvrir des phylloxeras vivants ni morts.

En foi de quoi nous avons signé le présent procès-verbal pour servir à qui de droit.

*Les deux expériences suivantes ont été faites en présence d'une Commission, sur la demande du Syndicat des Agriculteurs et Horticulteurs de Poitiers et en présence de membres de la* **Société des Agriculteurs de France**, *prévenus par l'avis lu à la réunion du Congrés de Poitiers, tenu du 18 au 21 Mai, à l'occasion du concours agricole.*

*Lesquels, désirant se rendre un compte exact de la valeur du Phylloxericide Maiche, ont chargé ladite Commission de suivre ces expérienees.*

# PROCÈS-VERBAL

## EXPÉRIENCE DU 20 MAI 1887

**Application du Phylloxericide Maiche sur la vigne de M. Texereau (Théophile), propriétaire à Poitiers (Vienne).**

En présence de MM. A . MORILLON. — A. PELTIER. — V. BESSON. — DU RÉTAIL. — FAYOLLE. — A. MORIN. — GUIBERT. — C. CAILLAS. — GIRARD. — F. MORIN. — T. TEXEREAU. — I. SAVATIER. — Paul BELIARD.

Et sous la direction de M. H. DE MORTILLET, Inspecteur de la *Société Francaise de protection contre le Phylloxera*, dont le siège est à Paris, 9, rue Marsollier,

Les soussignés déclarent avoir assisté à l'application du Phylloxericide Maiche qui a été faite le 20 mai 1887, sur les vignes de M. Texereau (Théophile), propriétaire à Poitiers (Vienne).

Cette vigne est âgée de cinq ans et phylloxerée depuis trois ans environ.

Après avoir constaté sur plusieurs pieds la présence du phylloxera et reconnu que la vigne est bien phylloxerée, ils ont désigné un carré de soixante-trois pieds.

Le traitement a été ensuite appliqué de la manière suivante : chaque pied, déchaussé légèrement en forme de petit entonnoir, a été arrosé par une solution aqueuse contenant un pour cent de Phylloxericide Maiche.

Étaient présents :
MM. GIRARD. — A. PELTIER. — GUIBERT. — A. MORILLON. —GIRERY.— C. CAILLAS. — FAYOLLE. — PLUMERAULT. — Paul BELIARD. — DU RETAIL. — V. BESSON. — A. MORIN. —F. MORIN. — TEXEREAU.— PELTIER.

Lesquels ont nommé d'un commun accord une Commission spécialement chargée de suivre l'expérience. Cette Commission, qui s'est ajournée à quinzaine pour constater le résultat du traitement, se compose de douze membres qui ont signé le présent procès-verbal.

MM. Paul BÉLIARD. — A. PELTIER. — DU RETAIL.— V. BESSON.— A. MORIN. —F. MORIN.— GIRERY. — FAYOLLE. — GUIBERT. — GIRARD. — C. CAILLAS. — TEXEREAU.

NOTA. — La vigne se trouve le long du chemin dit du Cheyan de la Grange, sur le plateau des Lourdines. La portion traitée longe le chemin et s'arrête à un pêcher. Il y a neufs pieds par rang et sept rangs ont été traités avec deux litres de dissolution de liquide.

MM. Paul BÉLIARD. — SAVATIER. — DU RÉTAIL. — A. PELLETIER. — V. BESSON. — GIRERY. — A. MORIN. — F. MORIN. — GIRARD. — GUIBERT. — C. CAILLAS. —FAYOLLE. — T. TEXEREAU.

## CONSTATATION

**L'an 1887, le 4 juin,** à deux heures de l'après-midi, appelés sur les lieux par M. P. Labreuil, administrateur de la Société, les personnes ci-dessous indiquées se sont rendues sur la vigne de M. Texereau susdécrite. Il a été arraché six pieds de vigne désignés par la Commission et les membres présents, dont cinq dans la portion traitée et un dans la portion non traitée, ce dernier étant couvert de phylloxeras bien vivants ; sur les cinq autres il n'a été constaté que quatre phylloxeras dont un certainement vivant ; on a remarqué un grand nombre de phylloxeras décomposés. — L'insecticide a été employé par la pluie, et le temps a été habituellememeut humide depuis cette époque.

A la demande de M. P. Labreuil, il est reconnu que le seul phylloxera vivant a été trouvé à l'extrémité d'une des racines les plus éloignées du cep.

Étaient présents et ont signé.

MM. Lamotte.— Béliard.— La Martinière.
— De Mont - Martin. — De la
Sayette.— Rançon. — A. Peltier.
— J. Guibert. — Savatier. —
Compaing de la Tour-Girard.

# PROCÈS-VERBAL

## EXPÉRIENCE DU 20 MAI 1887

**Application du Phylloxericide Maiche sur la vigne de M. Plume-reault (Eugène), propriétaire à Auxances, commune de Migné (Vienne).**

En présence de :

MM. SAVATIER. — DE MONT-MARTIN. — RANÇON. — LETAMY. — A. PELTIER. — C. CAILLAS. — DU RETAIL. — Paul BE-LIARD. — V. BESSON. — H. COMPAING DE LA TOUR-GIRARD. — DE LA SAYETTE. — DE LA MARTINIÈRE.

Et sous la direction de M. H. DE MORTILLET, inspecteur de la *Société Française de protection contre le phylloxera*, dont le siège est à Paris, rue Marsollier, n° 9.

Les soussignés déclarent avoir assisté à l'application du Phylloxericide Maiche, qui a été faite, le 20 mai 1887, sur les vignes de M. Plumereault (Eugène), propriétaire à Auxances, commune de Migné (Vienne).

Cette vigne est âgée de douze ans et phylloxerée depuis trois ans environ.

Après avoir constaté sur plusieurs pieds la présence du phylloxera, et reconnu que la vigne est bien phylloxerée, ils ont désigné un carré de quatre-vingt-huit pieds.

Le traitement a été ensuite appliqué de la manière suivante : chaque pied, déchaussé légèrement en forme de petit entonnoir, a été arrosé par une solution aqueuse contenant un pour cent de Phylloxericide Maiche.

Étaient présents :

MM. SAVATIER. — H. COMPAING DE LA TOUR-GIRARD. — DE LA MARTINIÈRE. — DU RÉTAIL. — LÉTAMY. — Paul BÉLIARD. — A. PELTIER. — PELTIER. — A. MORIN. — F. MORIN. — A. RANÇON. — V. BESSON. — C. CAILLAS. — GUIBERT. — BOURDIN. — A. MORILLON. — PLUMERAULT — DE MONTMARTIN. — DE LA SAYETTE.

Lesquels ont nommé d'un commun accord une Commission spécialement chargée de suivre l'expérience. Cette Commission, qui s'est ajournée à quinzaine pour constater le résultat du traitement, se compose de douze membres qui ont signé le présent procès-verbal :

MM .SAVATIER. — DE LA MARTINIÈRE. — DE LA SAYETTE. — DE MONTMARTIN. — DU RÉTAIL. — H. COMPAING DE LA TOUR-GIRARD. — Paul BÉLIARD. — C. CAILLAS. — V. BESSON. — A. PELTIER. — LETAMY. — A. RANÇON.

NOTA. — La vigne longe un chemin allant de Poitiers à Lencloître. Lè premier rang traité est le septième à partir du chemin, chaque rang contient environ huit ceps. En revenant au chemin, six rangs ont été traités au sec.

Le liquide a été dosé de la façon suivante : 1 litre de liquide pour 90 litres d'eau.

Une jointée de la matière sèche a été déposée au pied de chaque cep traité.

Et les membres présents susindiqués ont signé le présent.

# CONSTATATION

**L'an 1887**, le **4 juin**, à quatre heures du soir, sur l'invitation de M. P. LABREUIL, les personnes ci-dessous indiquées se sont transportées sur la vigne de M. Plumereault susdésignée ; des racines ont été arrachées à un pied non traité, et le phylloxera a été trouvé en grande quantité ; puis deux ceps ont été arrachés dans la partie traitée au centre de l'opération, un pied dans la portion traitée au liquide, et un pied dans la portion traitée au sec ; il a été trouvé quelques Phylloxeras sur les deux pieds. L'odeur du Phylloxericide est encore très sensible en ouvrant la terre, actuellement l'effet paraît être moindre pour le Phylloxericide sec.

M. P. LABREUIL fait observer que le produit sec ne doit produire son effet qu'après un laps de temps au moins double de celui nécessaire au liquide pour le même terrain. Beaucoup de phylloxeras sur les pieds traités paraissent morts, quelques-uns ont encore leur couleur jaune, on en a vu remuer deux. On observe que la majeure partie des phylloxeras sur les vignes traitées sont en décomposition.

Ont signé :

MM. RANÇON. — DE LA SAYETTE. — COMPAING. — BÉLIARD DE LAMOTTE. — DE LA MARTINIÈRE. — SURAULT. — A. PELTIER. — GUIBERT. — MORIN. — A. ROUSSEAU. — A. MAUREAU. — H. SAVATIER. — M. SAVATIER.

# PROCÈS-VERBAL

## EXPÉRIENCE DU 23 MAI 1887

**Application du Phylloxericide Maiche sur la vigne de M. le Président Bonnet, propriétaire et maire à Ayron (Vienne).**

En présence de :

MM. A. DARDAINE, curé. — AUBOURG. — ARMAND. — VERDON. — E. SIMONNEAU. — MARTIN. — P. BERGIER. — DADU. — MARÉCHAL. — Armand BONNET. — MOYNARD.

Et sous la direction de M. H. DE MORTILLET, Inspecteur de la *Société Française de protection contre le Phylloxera*, dont le siège est à Paris, rue Marsollier, n° 9,

Les soussignés déclarent avoir assisté à l'application du Phylloxericide Maiche qui a été faite le 23 mai 1887, sur les vignes de M. le Président Bonnet, propriétaire et Maire à Ayron (Vienne).

Cette vigne est âgée de quinze ans et phylloxérée depuis deux ans environ.

Après avoir constaté sur plusieurs pieds la présence du phylloxera et reconnu que la vigne est bien phylloxérée, ils ont désigné un carré de cent soixante-quatorze pieds.

Le traitement a été ensuite appliqué de la manière suivante : chaque pied, déchaussé légèrement en forme de petit entonnoir, a été arrosé par une solution aqueuse contenant un pour cent de Phylloxericide Maiche.

Étaient présents :

MM. A. DARDAINE. — MOYNARD. — AUBOURG. — ARMAND. — VERDON. — Armand BONNET. — DADU. — SIMONNEAU. — A. BONNET. — LUSSEAU. — POYANT. — MARTIN. — BOULIN. — NAUDEAU.

Lesquels ont nommé d'un commun accord une Commission spécialement chargée de suivre l'expérience. Cette Commission, qui s'est ajournée à quinzaine pour constater le résultat du traitement, se compose de douze membres qui ont signé le présent procès-verbal.

MM. ARMAND. — VERDON. — Armand BONNET. — E. SIMONNEAU. — P. DADU. — P. MARTIN. — L. DERNIER. — BERGIER. — MARÉCHAL. — P. AUBOURG. — Armand BONNET.

---

## CONSTATATION

L'an 1887. le 5 Juin. à six heures du matin, nous nous sommes transportés sur les lieux d'expérience à l'effet de constater les résultats obtenus par l'application du Phylloxericide Maiche. Après avoir arraché deux pieds et plusieurs racines détachées de huit à dix pieds, il a été constaté que tous les phylloxeras étaient morts. la plupart décomposés et présentant la couleur brun foncé, cependant un doute s'étant élevé au sujet d'un phylloxera paraissant vivant, une nouvelle vérification a été jugée nécessaire.

Nous nous sommes transportés à nouveau, à midi et demi du même jour, sur le même champ d'expérience, heure indiquée et après convocation des membres présents à la première constatation.

Advenant l'heure indiquée (midi et demi), la Commission a procédé de nouveau sur la vigne traitée, et après, un minutieux examen il a été constaté que presque tous les phylloxeras étaient décomposés; un seul a été reconnu vivant après examen à la loupe. Il a été arraché un pied non traité et chacun s'est convaincu que les racines étaient couvertes de nombreux phylloxeras vivants et présentant la couleur jaune d'or.

Il a été constaté que les pluies ont été très fréquentes depuis le jour de l'opération.

Ont signé :

> MM. Armand BONNET. — A. BONNET. — Armand VERDON. — Pierre MARTIN. — Pierre DADU. — Louis DERNIER. — T. SIMONNEAU. — Pierre AUBOURG.

Ont signé en outre de la Commission :

> MM. COULOMBIER. — Louis DADU. — VINCENT. — PINEAU. — Alexis BRUN.

# PROCÈS-VERBAL

## EXPÉRIENCE DU 14 MAI 1887

**Application du Phylloxericide Maiche sur la vigne de M. Cottier, vigneron de M. Émile Petiot, à Chamirey, commune de Touches (Saône-et-Loire).**

En présence de.....

Et sous la direction de Monsieur RAGUET, inspecteur de la *Société Française de protection contre le Phylloxera*, dont le siège est à Paris, rue Marsollier, n° 9.

Les soussignés déclarent avoir assisté à l'application du Phylloxericide Maiche qui a été faite, le 14 mai 1887, sur les vignes de M. Cottier de Chamirey.

Cette vigne est âgée de dix ans et phylloxerée depuis trois ans.

Après avoir constaté sur plusieurs pieds la présence du phylloxera et reconnu que la vigne est bien phylloxerée ils ont désigné un carré de 50 pieds.

Le traitement a été ensuite appliqué de la manière suivante : chaque pied, déchaussé légèrement en forme de petit entonnoir, a été arrosé par une solution aqueuse contenant un pour cent de Phylloxericide Maiche.

Étaient présents :

MM. Émile PETIOT. — Abel PETIOT. — DUPARRAY.
— Ch. de SUREMAIN. — Du VILLARD. —
J. BONNERAY. — Un nom illisible.

Lesquels ont nommé, d'un commun accord, une Commission chargée de suivre l'expérience. Cette Commission, qui s'est ajournée au 11 juin pour constater le résultat du traitement, se compose de cinq membres, qui ont signé le présent procès-verbal.

---

## CONSTATATION

**Le 11 Juin 1887**, il a été procédé à une vérification en présence de MM. DUPARRAY. — BARRAULT. — RAQUILLIET. — COTTIER Jean et COTTIER Louis. — Des pieds ont été examinés dans les trois rangs. et on n'a pu y découvrir un seul phylloxera vivant. Par contre. un pied d'une partie non traitée a été examiné et on y a constaté la parfaite vitalité du phylloxera en grande quantité.

Ont signé et approuvé:

MM. DUPARRAY. — BARRAULT. — ROQUILLIET. —
COTTIER Jean et COTTIER Louis.

# PROCÈS-VERBAL

## EXPÉRIENCE DU 14 MAI 1887

**Application du Phylloxericide Maiche sur la vigne de M. Maltet, négociant à Châlon, propriétaire à Mercurey (Saône-et-Loire).**

En présence de : MM. LEMONNIER, maire et conseiller d'arrondissement. — Ch. MARNIF, conseiller d'arrondissement. — RAZAULE, maire de Mercurey. — BERTHOD. — LEVAT. — VITAUX, etc., etc..

Et sous la direction de M. RAGUET, inspecteur de la *Société Française de protection contre le Phylloxera*, dont le siège est à Paris, rue Marsollier, n° 9.

Les soussignés déclarent avoir assisté à l'application du Phylloxericide Maiche qui a été faite, le 14 mai 1887, sur les vignes de M. MALTET, propriétaire à Mercurey.

Cette vigne est âgée de sept ans et phylloxerée depuis trois ans environ.

Après avoir constaté sur plusieurs pieds la présence du phylloxera et reconnu que la vigne est bien phylloxerée, ils ont désigné un carré de 300 pieds.

Le traitement a été ensuite appliqué de la manière suivante : chaque pied, déchaussé légèrement en forme de petit entonnoir, a été arrosé par une solution aqueuse contenant un pour cent de Phylloxericide Maiche.

Les assistants ont nommé d'un commun accord une Commission spécialement chargée de suivre l'expérience. Cette Commission, qui s'est ajournée au 15 juin pour constater le résultat du traitement, se compose de 4 membres qui ont signé le présent procès-verbal.

MM. le Maire de Mercurey. — RAZAULE. — ROULAY. — F. TRANNER. — Un nom illisible.

---

## CONSTATATION

Le 11 **Juin** 1887, les soussignés, dans la vérification qui vient d'être faite, déclarent avoir constaté une amélioration sensible sur la partie traitée au Phylloxericide Maiche, quoiqu'ayant trouvé quelques rares phylloxeras dans les racines profondes, tandis que, dans la partie de la vigne non traitée, l'existence du phylloxera est considérable :

MM. RAZAULE, maire de Mercurey. — ROULAY. — TRANNER. — Un nom illisible.

# PROCÈS-VERBAL

## EXPÉRIENCE DU 14 MAI 1887

**Application du Phylloxericide Maiche sur la vigne de M. Bessy, propriétaire à Mercurey. canton de Givry, et receveur des hospices de Châlon (Saône-et-Loire).**

En présence de :

MM. GILLON, secrétaire général de l'Union agricole et viticole de Naloti.— A. MARTIN.— J. BESSY, propriétaire du champ. — LEVERT. — BERGIN — RAZAULE, maire de Mercurey. — LEMONNIER, conseiller d'arrondissement. — David DEGARY, etc., etc.

Et sous la direction de M. RAGUET, inspecteur de la *Société Française de protection contre le Phylloxera* dont le siège est à Paris, rue Marsollier, n° 9.

Les soussignés déclarent avoir assisté à l'application du Phylloxericide Maiche qui a été faite, le 14 mai 1887, sur les vignes de M. Bessy, propriétaire à Mercurey, canton de Givry. Cette vigne est âgée de huit ans et phylloxérée depuis cinq ans environ.

Après avoir constaté sur plusieurs pieds la présence du phylloxera et reconnu que la vigne est bien phylloxérée, ils ont désigné un carré de 250 pieds.

Cette vigne a été traitée au sulfate de carbone depuis 4 ans environ, y compris cette année.

Le traitement a été ensuite appliqué de la manière suivante : chaque pied, déchaussé légèrement en forme de petit entonnoir, a été arrosé par une solution aqueuse contenant un pour cent de Phylloxericide Màiche.

Les assistants ont nommé d'un commun accord une Commission, spécialement chargée de suivre l'expérience. Cette Commission, qui s'est ajournée en juin pour constater le résultat du traitement, se compose de trois membres qui ont signé le présent procès-verbal

## CONSTATATION

**Le 11 juin 1887,** les soussignés, après avoir attentivement examiné la partie traitée au Phylloxericide Maiche, ont constaté la complète disparition du phylloxera; ils ont ensuite vérifié des ceps non traités sur lesquels ils ont trouvé de nombreux phylloxeras. Ont signé et approuvé.

MM. Razaule, maire de Mercurey. — J. Bonneau. — Tranner.

# PROCÈS-VERBAL

## EXPÉRIENCE DU 15 MAI 1887

**Application du Phylloxericide Maiche sur la vigne de M. Briand Pierre, propriétaire à Chassors (Charente).**

En présence de :

MM. E. BRANGER, père. — L. BRANGER. — PRIVOTIÈRE. — Ch. BÉCHADE. — CHAPT. — Georges HEINE. — SAUNIER.

Et sous la direction de M. H. de MORTILLET, inspecteur de la *Société Française de protection contre le Phylloxera*, dont le siège est à Paris, rue Marsollier, n° 9.

Les soussignés déclarent avoir assisté à l'application du Phylloxericide Maiche qui a été faite, le 15 u ai 1887, sur les vignes de M. Briand Pierre, propriétaire à Chassors (Charente). Cette vigne est âgée de neuf ans et phylloxerée depuis trois ans environ.

Après avoir constaté sur plusieurs pieds la présence du phylloxera et reconnu que la vigne est bien phylloxerée, ils ont désigné un carré de 150 pieds.

Le traitement a été ensuite appliqué de la manière suivante : chaque pied, déchaussé légèrement en forme de petit entonnoir, a été arrosé par une solution aqueuse contenant un pour cent de Phylloxericide Maiche.

Les assistants dénommés ci-dessus ont nommé d'un commun

accord une Commission spécialement chargée de suivre l'expérience. Cette Commission, qui s'est ajournée à la quinzaine pour constater le résultat du traitement, se compose de cinq membres qui ont signé le présent procès-verbal.

MM. E. BRANGER. — Eug. PRIVOTIÈRE. — SAUNIER. — CHAPT. — Ch. BÉCHADE.

## CONSTATATION

Le **7 juin 1887**, nous nous sommes transportés sur la vigne de M. Briand située à Lachac, commune de Chassors; après avoir arraché dans la partie traitée un pied de vigne nous n'avons constaté la présence que d'un seul phylloxera vivant, tandis que dans la partie non traitée, dès les premiers arrachés, nous en avons trouvé une notable quantité.

Ont signé :

MM. BRIAND, propriétaire de la vigne. — SOURISSEAU. — BIBARD. — RÉVEILLAND. — BIBARD PLANTÉ. — RIPOCHE. — BÉCHADE. — CHAPT.

# PROCÈS-VERBAL

## EXPÉRIENCE DU 16 MAI 1887

**Application du Phylloxericide Maiche sur la vigne de M. de Saint-Paul, propriétaire à Ligueux par Sorges (Dordogne).**

En présence de :

MM. DU REPAIRE. — ROBERT DE MALET. — DE SAINT-PAUL. — BRI-JON. — DESVAUX. — LACOMBE. — DE LA CHAPOULIE. — MONTAGU-LAURENT. — DUBIN. — LIRAT. — TRONCHE. — REYNAUD, etc.

Et sous la direction de M. J. HERMENT, inspecteur de la *Société Française de protection contre le Phylloxera*, dont le siège est à Paris, rue Marsollier, n° 9.

Les soussignés déclarent avoir assisté à l'application du Phylloxericide Maiche qui a été faite, le 16 mai 1887, sur les vignes de M. de Saint-Paul.

Cette vigne est âgée de 12 ans et phylloxerée depuis 6 ans environ; une autre partie âgée de 13 ans. une autre partie âgée de 15 ans.

Après avoir constaté sur plusieurs pieds la présence du phylloxera et reconnu que la vigne est bien phylloxerée; ils ont désigné :

1° 2 rangées de 88 pieds (ensemble) dans la vigne âgée de 12 ans ;

2° Un carré de 44 pieds dans la vigne âgée de 13 ans.

3° Un carré de 67 pieds dans la vigne âgée de 15 ans.

Le traitement a été ensuite appliqué de la manière suivante : chaque pied, déchaussé légèrement en forme de petit entonnoir, a été arrosé par une solution aqueuse contenant un pour cent de de Phylloxericide Maiche.

Étaient présents :

MM. DE SAINT-PAUL. — ROBERT DE MALET. — BRIJON. — DESVAUX. — LACOMBE. — DE LA CHAPOULIE. — DU REPAIRE. — MONTAGU-LAURENT. — DUBIN. — PIRAT. — TRONCHE. — REYNAUD, etc.

Adresses des personnes qui ont signé le procès-verbal ou présentes à l'expérience.

MM. DE SAINT-PAUL, propriétaire du Château de Ligueux. — ROBERT DE MALET, propriétaire à Sorges (Dordogne). — BRIJON, rue du palais, à Périgueux. — DESVAUX, au Montchâteau par Sorges (Dordogne). — DU REPAIRE, Château de Brochard, par Agonac (Dordogne). — MONTAGU, à Sorges (Dordogne). — LACOMBE, rue de la Boëtie, à Périgueux. — DE LA CHAPOULIE, au Château de Saidou, commune de Lempyour. — DUBIN, régisseur à Ligueux, par Sorges (Dordogne). — BERNARD, curé à Saint-Front-d'Alemps (Dordogne). — MEILHODON, conseiller général de la Dordogne. — PIRAT, cultivateur à Ligueux. — TRONCHE, conseiller municipal à Savignac-les-Églises (Dordogne.) — REYNAUD, cultivateur à Ligueux.

Lesquels ont nommé, d'un commun accord, une Commission spécialement chargée de suivre l'expérience qui s'est ajournée à 15 jours environ pour constater le résultat du traitement et se compose de 6 membres qui ont signé le présent procès-verbal : MM. ROBERT DE MALET. — BRIJON. — ALBERT DESVAUX. — DE MONTAGU. — DU REPAIRE. — DE SAINT-PAUL.

# CONSTATATION

L'expérience a été terminée par une pluie battante et les pluies ont été continuelles durant trois semaines. Dans ces conditions, le résultat de l'expérience du 16 mai pouvait être compromis. Néanmoins, le mardi 14 juin, à neuf heures du matin, les membres de la Commission de vérification, réunis à Ligueux, ont voulu constater les résultats de cette expérience. Malgré l'excès de pluie, les résultats ont été très satisfaisants. En effet, sur deux des parties traitées, des souches ayant été arrachées, pas un seul phylloxera n'a été découvert, tandis que les racines des souches non traitées en étaient absolument couvertes.

Dans la troisième partie, on a constaté sur une racine traitée la présence de deux ou trois phylloxeras paraissant encore vivants ; mais il en a été vu d'autres en décomposition et la Commission suppose que ceux qui ont résisté à l'influence du remède ne tarderont pas à mourir à leur tour, attendu que la terre et les racines, arrosées avec le Phylloxéricide, en ont encore l'odeur comme au premier jour, ou du moins très caractérisée.

En présence de résultats si réels, les membres de la Commission se proposent de traiter tout ou partie de leurs vignobles, et M. de Saint-Paul est décidé à traiter le sien dans toute son étendue.

En foi de quoi les membres de la Commission ont signé le présent procès-verbal.

Ligueux, le 14 juin 1887.

MM. ROBERT DE MALET. — BRIJON. — Albert DESVAUX. — DE MONTAIGU. — DU REPAIRE. — DE SAINT-PAUL. — BERNARD. curé à Saint-Front-d'Alemps. — MEILHODON, conseiller général de la DORDOGNE. — SIBON.

# PROCÈS-VERBAL

## EXPÉRIENCE DU 18 MAI 1887

**Application du Phylloxericide Maiche sur la vigne de M. Puttier Jacques, maire de Fouras (Charente-Inférieure).**

En présence de :

MM. A. Moinier. — Simon. — Audard. — Deligné. — Aug. Godel. — L. Belayot. — Marchesseau. — Putier. — Barbarin. — A. Gatineau.

Et sous la direction de M. H. de Mortillet, inspecteur de la *Société Française de protection contre le Phylloxera*, dont le siège est à Paris, rue Marsollier, n° 9.

Les soussignés déclarent avoir assisté à l'application du Phylloxericide Maiche qui a été faite, le 18 mai 1887, sur les vignes de M. Jacques Putier, maire de Fouras (Charente-Inférieure).

Cette vigne est âgée de dix ans et phylloxerée depuis quatre ans environ.

Après avoir constaté sur plusieurs pieds la présence du phylloxera et reconnu que la vigne est bien phylloxerée, ils ont désigné un carré de 200 pieds.

Le traitement a été ensuite appliqué de la manière suivante : chaque pied, déchaussé légèrement en forme de petit entonnoir, a été arrosé par une solution aqueuse contenant un pour cent de Phylloxéricide Maiche.

Étaient présents :

MM : A. GATINEAU. — A. MOINIER. — Aug. GODEL. — DÉLIGNÉ. — B. BELAYOT. — TURGÉ. — BARBARIN. — MARCHESSEAU. — PUTIER. — SUIR.

Lesquels ont nommé d'un commun accord une Commission spécialement chargée de suivre l'expérience. Cette Commission, qui s'est ajournée à quinzaine pour constater le résultat du traitement, se compose de 13 membres qui ont signé le présent procès-verbal.

MM. Aug. GODEL. — A. MOINIER. —<br>SUIR. — TURGÉ. — AUDARD. —<br>BELAYOT. — DÉLIGNÉ. — MAR-<br>CHESSEAU.

# CONSTATATION

L'an 1887, le 11 Juin, nous nous sommes transportés sur la vigne de M. Putier (Jacques), maire de Fouras, pour constater les résultats de l'application du Phylloxéricide Maiche. Après avoir enlevé plusieurs racines dans la vigne traitée, il nous a été impossible de trouver un seul phylloxera ; tandis que dans la partie non traitée les racines arrachées devant nous en étaient couvertes. De plus, M. Vieulle, fermier de M. Putier, nous a déclaré qu'en labourant la vigne, quelques jours avant, il avait constaté que, dans la partie traitée, les radicelles poussaient avec plus de vigueur que dans la partie non traitée.

Fait à Soumas, près Fouras, le 11 juin 1887.

Ont signé :

> MM. LECULLIER, conseiller d'arrondissement. — MARCHESSEAU, propriétaire. — SUIRE, régisseur de M. DUCHATEL, ingénieur des ponts et chaussées. — AUGER, propriétaire à Soumas. — POUVREAU Gustave, pour M. VIEULLE, qui a déclaré ne pouvoir signer. — BARBARIN, à Fouras. — VERGNAUD, à Fouras. — SIMON, à Fouras.

# PROCÈS-VERBAL

## EXPÉRIENCE DU 19 MAI 1887

**Application du Phylloxericide Maiche sur la vigne de M. Vaton
Auguste, greffier en chef du Tribunal civil d'Orange (Vaucluse).**

Sous la direction de M. DE LOCHE, inspecteur de la *Société
Française de protection contre le Phylloxera*, dont le siège est à
Paris, rue Marsollier, n° 9.

Les soussignés déclarent avoir assisté à l'application du
Phylloxericide Maiche qui a été faite, le 19 mai 1887, sur les vignes de M. Vaton Auguste, au cartier d'Argensol, commune d'O-
range.

Cette vigne est âgée de quatre ans et phylloxerée depuis un
an environ.

Après avoir constaté sur plusieurs pieds la présence du phylloxera et reconnu que la vigne est bien phylloxerée, ils ont désigné
un carré de 60 pieds dont huit ont été traités par le produit sec.

Le traitement a été ensuite appliqué de la manière suivante :
chaque pied, déchaussé légèrement en forme de petit entonnoir, a
été arrosé par une solution aqueuse contenant deux pour cent de
Phylloxericide Maiche.

Étaient présents.

MM. VATON, greffier en chef du tribunal civil d'Orange. — SOU-
CHIÈRE Paul, propriétaire à Orange.— SOUCHIÈRE Henri, avocat,
à Orange — Baron PIÉTRI, propriétaire à Orange. — REGNIER
propriétaire à Orange.— FALQUE, notaire à Orange. — RIPERT,
propriétaire à Orange.— RIPERT fils, propriétaire à Orange.—

Rousseau, propriétaire à Orange. — Souchière, propriétaire à Orange. — Boujon. — Paravel, propriétaire à Orange. — Patin, propriétaire à Orange. — Gagnon, jardinier à Orange. — Sauvan, propriétaire à Orange. — Fattet, propriétaire à Orange. — Danjaume, agent général de la Société. — Favier Théophile, propriétaire à Orange.

Lesquels ont nommé d'un commun accord une Commission chargée de suivre l'expérience. Cette Commission, qui s'est ajournée à..., pour constater le résultat du traitement, se compose des membres qui ont signé le présent procès-verbal.

---

## CONSTATATION

**Le 10 juin 1887,** a eu lieu la vérification des résultats obtenus par le traitement du Phylloxéricide Maiche, appliqué le 19 mai 1887, sur la vigne de M. Valois, greffier en chef du tribunal civil à Orange. Deux souches traitées au Phylloxéricide liquide ont été complètement arrachées et examinées à la loupe; on a constaté la présence de plusieurs phylloxeras complètement morts; quelques-uns de couleur foncée semblaient morts; enfin en très petite quantité on a remarqué quelques phylloxeras de coloration plus claire qui ne devaient pas encore avoir péri.

En foi de quoi le présent procès-verbal a été rédigé et signé pour valoir ce que de droit.

*Orange, le 10 juin 1887.*

MM. Ripert. — Danjaume. — Falque. — A. Miller. — Mériault. Un nom illisible.

# PROCÈS-VERBAL

## EXPÉRIENCE DU 3 JUIN 1887

**Application du Phylloxericide Maiche sur la vigne de M. Comte Émile, propriétaire à Malijac (Basses-Alpes).**

Sous la direction de M. DE LOCHE, inspecteur de la *Société Française de protection contre le Phylloxera*, dont le siège est à Paris, rue Marsollier, 9,

Les soussignés déclarent avoir assisté à l'application du Phylloxericide Maiche qui a été faite. le 3 juin 1887, sur les vignes de M. COMTE Émile, propriétaire à Malijac, aux quartiers de la Terrique et de la Maniche.

Ces vignes sont âgées de six et quatre ans et phylloxerées depuis deux ans environ.

Après avoir constaté sur plusieurs pieds la présence du phylloxera et reconnu que la vigne est bien phylloxerée, ils ont désigné un carré de 50 pieds à la Terrique et de 25 pieds à la Maniche; 7 pieds ont été traités au produit sec à raison de 1¡4 litre par souche sur la vigne de la Terrique.

Le traitement a été ensuite appliqué de la manière suivante : chaque pied, déchaussé légèrement en forme de petit entonnoir, a été arrosé par une solution aqueuse contenant un pour cent de Phylloxericide Maiche.

Étaient présents :

MM.   COMTE Émile, propriétaire à Malijac. — GOMBERT Théodore, propriétaire et maire de Malijac. — ROCHE Pierre, cultivateur, à Malijac. — GORDE Apolinaire, propriétaire aux Mas,

Lesquels ont nommé d'un commun accord une Commission spécialement chargée de suivre l'expérience. Cette Commission, qui s'est ajournée à........, pour constater le résultat du traitement, se compose de....., membres qui ont signé le présent procès-verbal.

MM.   GOMBER, maire. — GORDE Ap. — COMTE.

---

# CONSTATATION

Le 29 juin 1887 a eu lieu la vérification de l'expérience faite le 3 juin courant par le traitement du Phylloxericide Maiche, sur les vignes de M. COMTE Émile, propriétaire à Malijac (Basses-Alpes).

Plusieurs souches des deux vignes situées l'une à la Terrique et l'autre à la Maniche ont été examinées attentivement à la loupe.

On a constaté, sur les racines de ces vignes, un grand nombre de phylloxeras qui, pour la plupart, étaient morts, noirs et décomposés; quelques phylloxeras, en très petit nombre, semblaient encore vivants.

Sur les racines des vignes non traitées des mêmes vignobles, les phylloxeras étaient tous vivants, et leur coloration jaune n'avait pas l'aspect de celle des phylloxeras paraissant vivants sur les racines traitées.

Même constatation sur les 7 souches traitées au produit sec que sur celles traitées au liquide; le produit sec n'a nullement altéré la végétation.

En foi de quoi le présent procès-verbal a été dressé et signé pour valoir ce que de droit.

MM. GOMBER. — GORDE Ap. —
COMTE.

# PROCÈS-VERBAL

## EXPÉRIENCE DU 10 MAI 1887

**Application du Phylloxericide Maiche sur la vigne de M. Henry Birac, Lamenerie Jean et Alfred Ariganave, à Marmande (Lot-et-Garonne).**

En présence de la Commission du Comice Agricole de l'arrondissement de Marmande (Lot-et-Garonne), composée de MM. Dufour Raimond, Pigcemot Jean-Baptiste, Réjeaud, Artiganave Alfred et Henry Birac, président de la Commission en l'absence de M. Dedieu de Samazau, président du comité, empêché.

Et sous la direction de M. N. FABRE, inspecteur de la *Société Française de protection contre le Phylloxera*, dont le siège est à Paris, rue Marsollier, n° 9.

Les soussignés déclarent avoir assisté à l'application du Phylloxericide Maiche qui a été faite le 10 mai 1887 sur les vignes de MM. Birac, Artiganave et Lamenerie.

Ces vignes sont âgées de 15 à 20 ans et phylloxerées depuis six à huit ans environ.

Après avoir constaté sur plusieurs pieds la présence du phylloxera et reconnu que les vignes sont bien phylloxerées, ils ont désigné un carré.

Le traitement a été ensuite appliqué de la manière suivante : chaque pied, déchaussé légèrement en forme de petit entonnoir, a été arrosé par une solution aqueuse contenant un pour cent de Phylloxericide Maiche.

1° Chez M. Birac, il a été traité cent pieds de vigne âgée de 13 ans et phylloxerée depuis environ huit ans.

2° Chez M. Lamencrie il a été traité cent trente et un pieds de vigne âgée de 16 ans environ et phylloxerée depuis 5 à 6 ans environ.

3° Chez M. Artiganave, cent pieds de vigne âgée de 14 à 15 ans et phylloxerée depuis 5 ans.

Sur ces trois cent trente et un pieds, il a été versé deux litres de solution aqueuse contenant deux pour cent de Phylloxericide Maiche.

Étaient présents : outre les membres de la Commission, MM. Perrot, propriétaire à Granceu; Nau, propriétaire à Bouillas, Roy, propriétaire à Magdeleine et M. Chirold, représentant de la Société pour l'arrondissement de Marmande.

Lesquels ont nommé, d'un commun accord, une Commission spécialement chargée de suivre l'expérience. Cette Commission, qui s'est ajournée au 15 juin prochain pour constater le résultat de traitement, se compose de trois membres qui ont signé le présent procès-verbal.

MM. H. BIRAC. — Alfred ARTIGANAVE. —<br>L. CHIROLD.

# CONSTATATION

Le 28 juin 1887, MM. Alfred Artiganave et Henri Birac, commissaires délégués pour suivre le résultat de l'expérience du 10 mai dernier, M. Chirol, le troisième commissaire délégué, se trouvant empêché, se sont rendus d'abord chez M. Lamencrie à Mondésir, où, après avoir fait des recherches sur plusieurs racines des pieds traités, ils ont constaté sur l'une de celles-ci la présence de quatre phylloxeras vivants. Le sous-sol de ces vignes était excessivement humide. Chez M. Birac, où les recherches ont été continuées, ils n'ont pu constater la présence d'aucun phylloxera, pas plus que chez M. Artiganave où se sont terminées les recherches. Les racines des vignes traitées paraissent en bon état et la végétation est satisfaisante.

MM. H. BIRAC. — Alfred ARTIGANAVE.

# PROCÈS-VERBAL

## EXPÉRIENCE DU 16 JUIN 1887

**Application du Phylloxericide Maiche sur la vigne de M. Richard,
propriétaire à Casseuil, arrondissement de la Réole (Gironde).**

En présence des soussignés et sous la direction de M. FAYONT, inspecteur de la *Société Française de protection contre le Phylloxera*, dont le siège est à Paris, rue Marsollier, n° 9. et sous les auspices du Syndicat agricole de l'arrondissement de la Réole.

Les soussignés déclarent avoir assisté à l'application du Phylloxericide Maiche qui a été faite, le jeudi 16 juin 1887, sur les vignes de M. RICHARD.

Cette vigne est âgée de 15 ans et phylloxerée depuis sept ans environ.

Après avoir constaté la présence du phylloxera et reconnu que la vigne est bien phylloxerée. il a été choisi deux rangs de vignes comprenant 97 pieds.

Le traitement a été ensuite appliqué de la manière suivante : chaque pied, déchaussé légèrement en forme d'entonnoir, a été arrosé par une solution aqueuse contenant deux pour cent de Phylloxericide Maiche. — On a versé deux litres de mélange par pied.

Étaient présents :

MM. COURAUD. directeur de la ferme-école de la Gironde. — G. THEVENIN. sous-directeur. — GIRARDEAU, propriétaire. — HAUVEAU, propriétaire. — A. PETIT, propriétaire. — RICHARD, propriétaire. — Le Bagnères, propriétaire. — Dezellio. propriétaire.— J. Bouchereau, propriétaire avocat.— J. Ballaur, propriétaire.— J. Fournié, adjoint au maire de Casseuil. — Braulat, docteur médecin. — Subrau, propriétaire. — G. Tardieu, propriétaire.

## CONSTATATION

**Le 30 juin 1887**, sous la direction de M. Fayont, les soussignés qui avaient assisté à l'opération du Phylloxericide Maiche, le 16 juin 1887, sur la vigne de M. Richard, déclarent s'être rendus sur le terrain qui a servi aux expériences.

Après avoir vérifié une dizaine de pieds traités, ils n'ont constaté sur les racines la présence d'aucun phylloxera.

A la suite de cette constatation, on a fait examiner plusieurs pieds de vignes non traités, voisins du traitement, sur lesquels on a trouvé de nombreux phylloxeras.

En foi de quoi a été dressé et signé le présent procès-verbal.

*Casseuil, le 30 juin 1887.*

MM. Couraud, directeur de la ferme-école de la Gironde. — Thévenin, sous-directeur. — Girardeau, propriétaire. — A. Petit, propriétaire. — Richard, propriétaire. — L. Bagnères, propriétaire.—Dezellio, propriétaire.—J. Ballaur, propriétaire. — J. Fournié, adjoint au maire de Casseuil. —Braulat, docteur-médecin. — G. Tardieu, propriétaire. — Subrau, propriétaire.

Je soussigné, Adolphe Pieyre, ancien député du Gard, propriétaire à Castelfort, près Montblanc (Hérault), déclare avoir sauvé du phylloxera une vigne d'un hectare, plantée eu cépages français au moyen du Phylloxericide Maiche. J'estime qu'il n'y a pas de moyen plus économique et plus pratique de conserver des vignes françaises et de les reconstituer.

Nimes, le 28 jui  1887.

A. PIEYRE,
ancien député,
boulevard du Viaduc. 96. Nimes.

# PROCÈS-VERBAL

## EXPÉRIENCE DU 26 AVRIL 1887

**Application du Phylloxericide Maiche sur la vigne de M. le Baron
de Brasse, propriétaire à Limoux (Aude).**

En présence de :

MM. le baron de BRASSE. — FULMINIER père. — FULMINIER fils.
— André MILLANT. — Louis CORBIÈRES. — A. MANDOUL.

Et sous la direction de M. CONQUET, agent général de la *Société Française de protection contre le Phylloxera*, dont le
siège est à Paris, rue Marsollier, n° 9.

Les soussignés déclarent avoir assisté à l'application du Phylloxericide Maiche qui a été faite, le 26 avril 1887, sur les vignes
de M. le Baron de Brasse, au château de Brasse.

Cette vigne est âgée de 10 ans et phylloxerée depuis 3 ans
environ.

Après avoir constaté sur plusieurs pieds la présence du phylloxera et reconnu que la vigne est bien phylloxerée, ils ont désigné un carré de 100 pieds.

Le traitement a été ensuite appliqué de la manière suivante :
chaque pied, déchaussé légèrement en forme de petit entonnoir,
a été arrosé par une solution aqueuse contenant un pour cent de
Phylloxericide Maiche.

Étaient présents :

> MM. Le baron de BRASSE. — FULMINIER père, régisseur du château. — FULMINIER fils.
> — Louis CORBIÈRES. — André MILLANT,
> propriétaire. — A. MANDOUL, propriétaire.

Lesquels ont nommé, d'un commun accord, une Commission spécialement chargée de suivre l'expérience. Cette Commission, qui s'est ajournée à quinzaine pour constater le résultat du traitement, se compose de 5 membres qui ont signé le présent procès-verbal.

Signé :

MM. A. BATTALIER. — A. MILLANT. — FULMINIER père. — FULMINIER fils. — MANDOUL.

---

## CONSTATATION

Et le 29 juin 1887, la vérification de l'expérience faite sur la vigne de M. le Baron de Brasse, au château de Brasse, le 26 avril 1887, a été effectuée par les soussignés, dont un, M. Piquet, propiétaire à Cruscade, n'avait pas été présent à l'application du Phylloxericide Maiche.

Huit souches ont été examinées avec soin; sur sept, on n'a pas trouvé de phylloxeras; sur une on a découvert quelques phylloxeras vivants.

Dans la partie de la même vigne non traitée, on a examiné les racines de huit souches, sur toutes ces racines on a constaté la présence de nombreux phylloxeras parfaitement vivants. Les souches dont il s'agit ont été choisies sur les différents points de la vigne, qui a 4 hectares environ.

En foi de quoi le présent procès-verbal a été dressé et signé par les membres présents de la Commission.

Ont signé :

J. PIQUET. — FULMINIER père. — FULMINIER fils.— A. MANDOUL.— A. MILLANT. — A. BATTALIER.

# PROCÈS-VERBAL

---

## EXPÉRIENCE DU 23 MAI 1887

---

**Application du Phylloxericide Maiche sur la vigne de M. Jolivet Sire, propriétaire à Dun-sur-Auron (Cher), située au vignoble dit « Le four à chaux ».**

Eu présence de :

MM. RIBOUTET Vincent, vice-président du Syndicat de défense contre le phylloxera, MAUGER Hippolyte, secrétaire, CHAVANNE Henri, trésorier ; et BLAVIER Achille, FRENOIS Victor, MEUNIER, dit Labbé, SARREAU MATHIET, COULHON, horticulteur, MEUNIER; BOUTILLON et BIDAULT, maire de Dun sur Auron, assesseurs dudit Syndicat et BORY PAUPLIN, P. FERRY et JOLIVET propriétaires.

Et sous la direction de M. E. RAGUET, inspecteur de la *Société Française de protection contre le Phylloxera*, dont le siége est à Paris, rue Marsollier, nº 9.

Les soussignés déclarent avoir assisté à l'application du Phylloxericide Maiche qui a été faite, le 23 mai 1887, sur les vignes de M. JOLIVET Sire.

Cette vigne est âgée de 8 ans et phylloxerée depuis 3 ans environ.

Après avoir constaté sur plusieurs pieds la présence du phylloxera et reconnu que la vigne est bien phylloxerée, ils ont désigné un carré de 114 pieds, dont vingt-deux traités au produit sec et quatre-vingt-douze au produit liquide. Terrain calcaire, sol très humecté par suite de pluies continuelles, pendant les jours précédents. Température basse.

Le traitement a été ensuite appliqué de la manière suivante : chaque pied, déchaussé légèrement en forme de petit entonnoir, a été arrosé par une solution aqueuse contenant un pour cent de Phylloxericide Maiche.

Étaient présents :

> MM. MEUNIER. — BIDAULT. — RIBOUTET. —
> MEUNIER BOUTILLON. — SARREAU.
> — COULON. — FRENOIS. — BLAVIER.
> — FERRY. — MAUGER. — CHAVANNE.
> — PAUPLIN. — JOLIVET. — BORY.

Lesquels ont nommé, d'un commun accord, une Commission spécialement chargée de suivre l'expérience. Cette Commission, qui s'est ajournée du 10 au 15 juin pour constater le résultat du traitement, se compose de tous les membres du Syndicat qui ont signé le présent procès-verbal.

## CONSTATATION

**Le 27 juin 1887**, sur la convocation de M. RAGUET, inspecteur, et de M. CHAVANNES, agent général de la Société, pour le département, les soussignés se sont rendus sur le terrain où se trouve située la vigne du sieur JOLIVET Sire.

Avant de procéder à aucune constatation, ils ont déclaré que, lors de l'application du traitement, cette vigne, dans la partie traitée, était tellement atteinte qu'elle ne laissait que peu d'espoir de succès.

Ils ont ensuite arraché divers ceps traités, soit avec le produit sec, soit avec le produit liquide, et reconnu, après des recherches minutieuses, que le phylloxera sur ces vignes était très rare, tandis qu'il en a été trouvé un nombre considérable sur les ceps voisins non traités.

D'où ils concluent que l'application du procédé Maiche faite à cette vigne a atténué dans une proportion sensible les effets du mal.

En foi de quoi ils ont signé le présent procès-verbal;

Ont signé :

> MM. PAUPLIN. — MAUGER, secrétaire du Syndicat de Dun-sur-Auron. — PÉRIOT, président du Syndicat. — MEUNIER.—COULON, membre de la Société d'agriculture et de viticulture du Cher.

# PROCÈS-VERBAL

## EXPÉRIENCE DU 23 MAI 1887

**Application du Phylloxericide Maiche sur la vigne de M. Massé,
propriétaire à Soye-en-Septaine (Cher).**

En présence de :

M. FRANC, professeur d'agriculture départementale.

Et sous la direction de M. RAGUET, inspecteur de la *Société
Française de protection contre le Phylloxera*, dont le siège est
à Paris, rue Marsollier, n° 9.

Les soussignés déclarent avoir assisté à l'application du Phylloxericide Maiche qui a été faite, le 23 mai 1887, sur les vignes de
M. Massé, de Soye.

Cette vigne est âgée de 23 ans et phylloxérée depuis deux
ans environ.

Après avoir constaté sur plusieurs pieds la présence du phylloxera et reconnu que la vigne est bien phylloxérée, ils ont désigné un carré de 100 pieds dont 28 ont été traités au Phylloxericide sec et 72 au produit liquide ; la terre est calcaire ; elle était
très humectée par les pluies.

Sous toutes réserves, le traitement a été ensuite appliqué de la manière suivante : chaque pied, déchaussé légèrement en forme de petit entonnoir, a été arrosé par une solution aqueuse contenant un pour cent de Phylloxericide Maiche.

Étaient présents :

MM. SAUVAGEAUT, Président du Syndicat de Plaimpied. — MESNEAU. — TREMEAU. — FRANC, professeur d'agriculture. — CHERRIER. — BRISSET. — TERMINET. — GRIMOIN. — BRISSET. — GRAND, régisseur de M. MASSÉ. — LESÈTRE. — FOUCONNIER, trésorier du Syndicat de Plaimpied.

Lesquels ont nommé, d'un commun accord, une Commission spécialement chargée de suivre l'expérience.

Cette Commission, qui s'est ajournée du 10 au 15 juin pour constater le résultat du traitement, se compose de trois membres qui ont signé le présent procès-verbal.

## CONSTATATION

Le 27 juin 1887, sur la convocation de M. RAGUET, inspecteur de la Société, les soussignés se sont transportés sur le champ d'expérience de M. MASSÉ, et après une vérification des plus minutieuses sur les parties traitées au Phylloxericide liquide et sec, quelques pieds ont été examinés, et on a constaté que le phylloxera était très rare sur la partie traitée ; par contre, on a découvert sur les témoins d'énormes quantités de phylloxeras avec des œufs. Même observation faite sur une partie traitée cette année au sulfure de carbone.

Il est à noter que le traitement du 23 mai a été fait par un temps très humide.

La substance solide semble avoir occasionné un retard dans la végétation des ceps traités, dû très probablement à une dose trop élevée.

La végétation de la partie traitée au produit liquide est très satisfaisante.

Ont signé :

MM. F. PASCAUD. — FRANC, professeur d'agriculture. — CHERRIER. — GUILLEMAIN. — GRAND — BELLOT.

# PROCÈS-VERBAL

## EXPÉRIENCE DU 24 MAI 1887

**Application du Phylloxericide Maiche sur la vigne de M. Barat-Cavoit Louis, propriétaire d'un terrain sis au champ de Pierres (Cher).**

En présence de :

MM. Mauger, secrétaire du Syndicat viticole de Dun-sur-Auron.
— Chavanne Henri, trésorier dudit Syndicat et de tous les soussignés.

Et sous la direction de M. Raguet, inspecteur de la *Société Française de protection contre le Phylloxera*, dont le siège, est à Paris, rue Marsollier, n° 9.

Les soussignés déclarent avoir assisté à l'application du Phylloxericide Maiche qui a été faite, le 24 mai 1887, sur les vignes de M. Parat Cavoit Louis.

Cette vigne est âgée de 8 ans et pholloxerée depuis 3 ans environ.

Après avoir constaté sur plusieurs pieds la présence du phylloxera et reconnu que la vigne est bien phylloxerée, ils ont désigné un carré de 76 pieds dont 21 au produit sec et 55 au produit liquide. Terrain argilo-calcaire, temps humide.

Le traitement a été ensuite appliqué de la manière suivante : chaque pied, déchaussé légèrement en forme de petit entonnoir, a été arrosé par une solution aqueuse contenant deux pour cent de Phylloxericide Maiche.

Étaient présents .

MM. Bachelier. — Durand. — Delhomme. — Poubau fils. — Monicault. — Barat. — Mauger. — Cherrier. — Moulin. — Sentier.

Lesquels ont nommé, d'un commun accord, une Commission spécialement chargée de suivre l'expérience. Cette Commission, qui s'est ajournée du 15 au 20 juin pour constater le résultat du traitement, se compose des membres qui ont signé le présent procès-verbal.

## CONSTATATION

**Le 28 juin 1887,** sur la convocation de M. Raguet, inspecteur, et de M. Chavanne, agent général de la Société.

Les soussignés se sont transportés sur le champ d'expérience de M. Barat Cavoit, sis au champ de Pierres, près Châteauneuf (Cher) où, après avoir examiné minutieusement 8 ceps sur la partie traitée au Phylloxericide liquide, et 4 ceps traités au produit sec, ils ont constaté la présence de deux phylloxeras sur les ceps traités au produit sec, et pas un seul sur la partie traitée au produit liquide.

Par contre, les pieds non traités et entourant le carré étaient absolument couverts de nombreux phylloxeras.

En conséquence, les soussignés reconnaissent la parfaite efficacité du traitement, en foi de quoi ils ont signé le présent procès-verbal.

Ont signé :

MM. Durand — Delhomme. — Bache-lier. — Cavoit. — Pitaul. — Barat.

# PROCÈS-VERBAL

## EXPÉRIENCE DU 28 MAI 1887

**Application du Phylloxericide Maiche sur la vigne de M. Orliac Antoine, propriétaire à Gourdon (Lot).**

En présence de :

MM. LINOL, adjoint au maire, MÉTADIER, CABANÈS, MAURY, conseiller municipal ; de M. ORLIAC, propriétaire, et BRUNO, agent de la Société.

Et sous la direction de M. N. FABRE, inspecteur de la *Société Française de protection contre le Phylloxera*, dont le siège est à Paris, rue Marsollier, n° 9.

Les soussignés déclarent avoir assisté à l'application du Phylloxericide Maiche qui a été faite, le 28 mai 1887, sur les vignes de M. Orliac, propriétaire à Gourdon (Lot).

Cette vigne est âgée de 14 ans et phylloxérée depuis 5 ans environ.

Après avoir constaté sur plusieurs pieds la présence du phylloxera et reconnu que la vigne est bien phylloxérée, ils ont désigné un carré de 200 pieds.

Le traitement a été ensuite appliqué de la manière suivante : chaque pied, déchaussé légèrement en forme de petit entonnoir, a été arrosé par une solution aqueuse contenant deux pour cent de Phylloxericide Maiche.

Étaient présents :

MM. Pradi. — Devaux. — Delprat. — Grangier. — Balerte. — Brou. — Campmas. — Lantuejoul. — Rabanelli. Darny. — Vaury. — Girard. — Lecoq et Badonet, propriétaires à Gourdon.

Lesquels ont nommé, d'un commun accord, une Commission spécialement chargée de suivre l'expérience. Cette Commission. qui s'est ajournée au 25 juin pour constater le résultat du traitement, se compose de quatre membres qui ont signé le présent procès-verbal.

Ont signé :

MM. Orliac. — Métadié. — Cabanés. — Linol.

## CONSTATATION

Le 2 juillet 1887, à 4 heures du soir, la vérification de l'expérience faite le 25 mai dernier, sur les vignes de M. A. Orliac, propriétaire à Gourdon (Lot), a été faite en présence de MM. Métadier, Devaux, Pradi, Balerte et Orliac, propriétaire des vignes traitées, et qui avaient assisté à l'application du Phylloxericide Maiche, faite le 25 mai dernier.

Après avoir constaté le parfait état de végétation des souches traitées, ils se sont livrés à un examen des plus minutieux sur les racines de six souches traitées, prises au hasard et sur plusieurs points; et malgré toutes les recherches, ils n'ont pu constater la présence d'un seul phylloxera vivant.

Les soussignés déclarent également avoir reconnu le parfait état des racines qui, toutes, étaient exemptes de traces de piqûres de phylloxeras.

Plusieurs pieds non traités et faisant partie de la même pièce ont été vérifiés, et la présence de nombreux phylloxeras vivants a été facilement constatée.

Voulant pousser aussi loin que possible leur vérification, la Commission a également vérifié d'autres souches dans une autre pièce de vigne, dépendant de la même propriété et distante de ceux traités d'environ 25 mètres et présentant également une apparence de végétation assez satisfaisante, deux souches très vivaces ont été examinées avec beaucoup de soin, et la Commission a facilement constaté la présence de nombreux phylloxeras parfaitement vivants.

En foi de quoi, le présent procès-verbal a été dressé et signé par la Commission pour valoir ce que de droit.

# PROCÈS-VERBAL

## EXPÉRIENCE DU 8 JUIN 1887

**Application du Phylloxericide Maiche sur la vigne de M. Grangier Jean, propriétaire à Tarascon (Bouches-du-Rhône).**

En présence de :

Et sous la direction de M. de Loche, inspecteur de la *Société Française de protection contre le Phylloxera*, dont le siège est à Paris, rue Marsollier, 9.

Les soussignés déclarent avoir assisté à l'application du Phylloxericide Maiche qui a été faite, le 8 juin 1887, sur les vignes de M. Grangier Jean, à Tarascon.

Cette vigne est âgée de sept ans et phylloxérée depuis deux ans environ.

Après avoir constaté sur plusieurs pieds la présence du phylloxera et reconnu que la vigne est bien phylloxérée, ils ont désigné un carré de 12 pieds.

Le traitement a été ensuite appliqué de la manière suivante : chaque pied, déchaussé légèrement en forme de petit entonnoir, a été arrosé par une solution aqueuse contenant un pour cent de Phylloxericide Maiche.

Étaient présents :

MM.  GRANGIER Jean, propriétaire à Tarascon. — GUIGNE Louis, propriétaire à Tarascon. — SAVOYE Pierre, propriétaire à Tarascon. — VIRET Paul, négociant en vins, à Tarascon. — DACLA, propriétaire à Orgon. — PALISSE, propriétaire à Bagnols. — SAVOYE Jean, propriétaire à Tarascon.

Lesquels ont nommé, d'un commun accord, une Commission spécialement chargée de suivre l'expérience. Cette Commission, qui s'est ajournée à......., pour constater le résultat du traitement, se compose des membres qui ont signé le présent procès-verbal.

> Ont signé :
>
> MM.  GRANGIER Jean. — GUIGNE Louis. — SAVOYE Pierre.


## CONSTATATION

Le 1er juillet 1887 a eu lieu la vérification de l'expérience faite, le 8 juin 1887, par l'application du Phylloxéricide Maiche, sur les vignes de M. GRANGIER Jean, propriétaire à Tarascon.

Les racines de plusieurs souches traitées ont été attentivement examinées à la loupe. Il a été constaté que la plupart des phylloxeras étaient morts, secs et décomposés. Quelques-uns semblaient encore vivants.

Sur une souche non traitée, les phylloxeras étaient tous jaunes et vivants.

En foi de quoi, le présent procès-verbal a été dressé et signé pour valoir ce que de droit.

> Ont signé :
>
> MM.  VIRET Paul. — DACLA. — PALISSE.— SAVOYE Pierre. — GRANGIER Jean. — SAVOYE Jean.

# PROCÈS-VERBAL

## EXPÉRIENCE DU 13 JUIN 1887

**Application du Phylloxericide Maiche sur la vigne de M. Thomas Joseph, propriétaire à Roberty, commune d'Avignon (Vaucluse).**

En présence de :

Et sous la direction de M. de LOCHE, inspecteur de la *Société Française de protection contre le Phylloxera*, dont le siège est à Paris, rue Marsollier, 9 ;

Les soussignés déclarent avoir assisté à l'application du Phylloxericide Maiche qui a été faite, le 13 juin 1887, sur les vignes de M. THOMAS Joseph à Roberty, quartier de Mazelly.

Cette vigne est âgée de huit ans et phylloxerée depuis cinq ans environ.

Après avoir constaté sur plusieurs pieds la présence du phylloxera et reconnu que la vigne est bien phylloxerée, ils ont désigné un carré de 50 pieds.

Le traitement a été ensuite appliqué de la manière suivante : chaque pied, déchaussé légèrement en forme de petit entonnoir, a été arrosé par une solution aqueuse contenant deux pour cent de Phylloxericide Maiche à raison de trois litres par pied.

Étaient présents :

MM.  METTEFEU Alexandre, régisseur de la propriété. — JOUVE Saturnin, propriétaire au Pontet. — VIALAN Eugène, propriétaire au Pontet. — RENARD Jean, propriétaire au Pontet. — MARIGNANE Tranquille, propriétaire au Pontet. — AUDIBERT Louis, propriétaire au Pontet. — GOUTAREL Claude, propriétaire au Pontet. — CARTOUX Pierre, agent général de la Société. — VACHE Louis, propriétaire à Marières. — FOURNIER Nicolas, propriétaire à Marières.

Lesquels ont nommé, d'un commun accord, une Commission, spécialement chargée de suivre l'expérience. Cette Commission, qui s'est ajournée à ......., pour constater le résultat du traitement, se compose des.... membres qui ont signé le présent procès-verbal.

Ont signé :

MM.  MARIGNANE Tranquille. — AUDIBERT Louis. — JOUVE Saturnin. — METTEFEU. — GOUTAREL. — CARTOUX aîné.

---

## CONSTATATION

Le **5 juillet 1887** a lieu la vérification de l'expérience faite le 13 juin dernier, au moyen du Phylloxericide Maiche, sur les vignes de M. Thomas Joseph, propriétaire à Roberty, commune d'Avignon (Vaucluse).

Les racines de trois souches traitées au Phylloxericide ont été examinées avec soin à la loupe. Sur une de ces souches, il n'a été trouvé aucun phylloxera. Sur les deux autres, il a été constaté sur leurs racines que les phylloxeras étaient morts.

Un amas de phylloxeras, encore jaunes et qui avaient conservé leur forme, semblaient encore vivants, mais on a reconnu en les regardant de profil qu'ils étaient complètement plats et qu'il ne restait que leur peau.

En foi de quoi a été dressé et signé le présent procès-verbal.

Ont signé :

MM. FOURNIER. — VACHE. — CARTOUX aîné.
— METTEFEU. — GOUTAREL.

# PROCÈS-VERBAL

## EXPÉRIENCE DU 21 JUIN 1887

**Application du Phylloxericide Maiche sur la vigne de M. Édouard de Lafarge, propriétaire à Tullins (Isère).**

En présence de : MM. RIVAL Baptiste, vigneron chez M. de LA-FARGE, SILLANT Jules, propriétaire à Tullins, DU TERRAIL, propriétaire à Tullins, MORET, régisseur de M. PERRET, OGIER, propriétaire à Tullins, TEIBAUD, propriétaire à Tullins, Amédée BARRAL, propriétaire à Tullins, M^{me} BARRAL, VIAL, propriétaire à Fur, BILLON, propriétaire à Fur, BURGAUD, propriétaire à Fur, SILLAUD, propriétaire à Tullins, L. BURRIAUD, etc., etc.

Et sous la direction de M. H. Mortillet, inspecteur de la *Société Française de Protection contre le Phylloxera*, dont le siège, est à Paris, rue Marsollier, n° 9.

Les soussignés déclarent avoir assisté à l'application du Phylloxericide Maiche qui a été faite, le 21 juin 1887, sur les vignes de M. Édouard de Lafarge, propriétaire à Tullins (Isère).

Cette vigne est âgée de 9 ans et phylloxerée depuis 5 ans environ.

Après avoir constaté sur plusieurs pieds la présence du phyl-

loxera et reconnu que la vigne est bien phylloxerée, ils ont désigné un carré de 200 pieds.

Le traitement a été ensuite appliqué de la manière suivante : chaque pied, déchaussé légèrement en forme de petit entonnoir, a été arrosé par une solution aqueuse contenant un pour cent de Phylloxericide Maiche.

Étaient présents :

MM. SILLANT. — DU TERRAIL. — BURRIAUD. — VIAL. — A. BARRAL. — M. BARRAL. — BILLON. — SILLAUD. — OGIER. — THIBAUD. — MORET. — RIVAL. — ALIBRE.

Lesquels ont nommé, d'un commun accord, une Commission spécialement chargée de suivre l'expérience. Cette Commission, qui s'est ajournée à quinzaine pour constater le résultat du traitement, se compose de 12 membres qui ont signé le présent procès-verbal.

Ont signé :

MM. SILLANT. — DU TERRAIL. — BURRIAUD. — M. BARRAL. — A. BARRAL. — VIAL. — BILLON. — SILLAUD. — MORET. — RIVAL. — OGIER. — THIBAUD.

---

## CONSTATATION

L'an 1887. le 7 juillet, à 5 heures du soir, sur l'invitation de M. H. de Mortillet, inspecteur de la *Société Française de protection contre le Phylloxera*, la Commission de constatation s'est transportée sur la vigne de M. de Lafarge, située au bas Boulun, à

Tullins (Isère), vigne dans laquelle une expérience au Phylloxericide Maiche avait été effectuée à la date du 24 juin dernier.

Deux souches, âgées de neuf ans, ont été soigneusement arrachées et attentivement examinées par la Commission et une nom-
breuse assistance. Sur la première, il a été impossible de découvrir un seul phylloxera vivant; sur la seconde, quelques rares
insectes ont été découverts tout à fait à l'extrémité des racines,
entre deux lignes de souches, mais pas un seul insecte n'a pu être
découvert sur le corps de la souche et sur les racines principales.

Comme contre-partie de la vérification des souches traitées,
un seul cep non traité, désigné au hasard par MM. les Membres
de la Commission, a été arraché. La Commission a constaté sur
le cep précité un grand nombre de phylloxeras, tant sur les racines
principales que sur le corps de la souche.

Un pied traité au produit sec a été arraché et examiné ; il a
été impossible d'y découvrir un seul phylloxera. La Commission
constate en outre que le traitement a été fait dans un sol extrê-
mement sec et, par suite, ne comportant pas toutes les chances de
succès.

En foi de quoi, les mêmes membres présents sus-désignés ont
signé le présent procès-verbal pour servir à qui de droit.

Ont signé :

MM. RIVAL. — GUELLE. — SILLANT.
— GUICHARD. — THIBAUD. —
A. BARRAL. — BATET. — OGIER
— BURRIAUD. — BILLON. — VIAL.
— MARET. — FONCET. — GAU-
THIER. — LANDRIN. — GÉRARD.

7

# PROCÈS-VERBAL

## EXPÉRIENCE DU 15 JUIN 1887

**Application du Phylloxericide Maiche sur la vigne de M. Lafaurie château d'Arche-Sauternes (Gironde).**

En présence :

Et sous la direction de MM. de Saint-Amand, agent général pour la Gironde, et Fayont, inspecteur de la *Société Française de protection contre le Phylloxera*, dont le siège est à Paris, rue Marsollier, 9.

Les soussignés déclarent avoir assisté à l'application du Phylloxericide Maiche faite, le 15 juin, sur les vignes de M. Lafaurie (Château d'Arches-Sauternes).

Cette vigne est agée de 8 ans et phylloxerée depuis 4 ans à ce point que la végétation en est très faible.

Après avoir constaté sur plusieurs pieds de vigne une grande quantité de phylloxeras, ils ont désigné un carré de 240 pieds.

Le traitement a été appliqué de la manière suivante : chaque pied, déchaussé légèrement en forme de petit entonnoir, a été arrosé par une solution contenant deux pour cent de Phylloxericide Maiche et 2 litres du mélange par pied.

Étaient présents .

MM. R. LAFON, maire de Sauternes. — DUBEDAT, adjoint. — A. MÉRICQ, percepteur. — P. MARQUETTE, propriétaire. — LAFAURIE, propriétaire. — E. GARBAY, propriétaire, ad-

joint au maire de Bourmes. — G. BARDAURAUD. — J. LA-
CLAVETINE, régisseur à Bourmes. — P. DARTIGOLLES,
propriétaire. — DUBERNET, propriétaire. — E. LAFON,
propriétaire. — J. DUBERNET, propriétaire.

# CONSTATATION

**Le 4 juillet 1887**, sous la direction de MM. de SAINT-AMAND et
FAYONT, inspecteurs, les soussignés qui avaient assisté à l'opération
du Phylloxericide Maiche, le 15 juin, sur la vigne de M. Lafaurie,
déclarent s'être transportés sur le même terrain ayant servi aux
expériences. Après avoir vérifié 14 pieds de vigne, ils n'ont constaté que la présence d'un tout petit phylloxera à 50 centimètres
du cep. A la suite de cette constatation on a fait examiner un certain nombre de ceps du même vignoble voisin du traitement
n'ayant pas été traités, la présence de très nombreux phylloxeras
a été constatée sur les racines. En outre, on a constaté de nouvelles radicelles indemnes, sur les ceps traités, radicelles qu'on
n'a point trouvées sur les ceps non traités.

En foi de quoi a été dressé et signé le présent procès-verbal.

*Sauternes, le 4 juillet 1887.*

> MM. LAFON, maire de Sauternes. — J. DUBEDAT,
> adjoint. — MÉRICQ, percepteur. — P.
> MARQUETTE, propriétaire. — LAFAURIE,
> propriétaire. — E. GARBAY, adjoint à
> Bourmes. — J. LACLAVETINE, régisseur
> à Bourmes. — G. BASSELONNAUD, phar-
> macien. — P. DARTIGOLLES, proprié-
> taire. — J. DUBERNET, propriétaire. —
> E. LAFON, propriétaire.

# PROCES-VERBAL

## EXPÉRIENCE DU 24 JUIN 1887

**Application du Phylloxericide Maiche sur la vigne de M. Sublet Jean-Marie, propriétaire à Trévoux (Ain).**

En présence de : MM. P. GUILLAUME, ex-greffier de la justice de paix et propriétaire à Trévoux ; Jean-Baptiste CHATELARD, géomètre expert à Farcins ; CHATELARD Jean ; E. SAVOYET ; G.-M. MERLE ; C. GARRETTE ; A. TAVERNIER ; COLLET Michel ; SUBLET ; VÈBE Claude ; Docteur CLUGNET ; L. DUBOST ; LEBEAU ; PACLAUD, etc.

Et sous la direction de M. H. de MORTILLET, inspecteur de la *Société Française de protection contre le Phylloxera*, dont le siège est à Paris, rue Marsollier, n° 9.

Les soussignés déclarent avoir assisté à l'application du Phylloxericide Maiche qui a été faite, le 24 juin 1887, sur les vignes de M. Sublet Jean-Marie, propriétaire à Trévoux (Ain).

Cette vigne est âgée de cinq ans et phylloxerée depuis quatre ans environ.

Après avoir constaté sur plusieurs pieds la présence du phylloxera et reconnu que la vigne est bien phylloxerée, ils ont désigné un carré de 260 pieds.

Le traitement a été ensuite appliqué de la manière suivante : chaque pied, déchaussé légèrement en forme de petit entonnoir, a été arrosé par une solution aqueuse contenant un pour cent de Phylloxericide Maiche.

Étaient présents :

MM. GUILLAUME, ex-greffier de la justice de paix, propriétaire à Trévoux. — J.-B. CHATELARD, géomètre-expert à Fareins. — E. SAVOYE. — E. GARETTE. — A. TAVERNIER. — M. MERLE. — Jean CHATELARD. — COLLET Michel. — VELU Claude.

Lesquels ont nommé, d'un commun accord, une Commission spécialement chargée de suivre l'expérience. Cette Commission, qui s'est ajournée à quinzaine pour constater le résultat du traitement, se compose de 10 membres qui ont signé le présent procès-verbal.

Ont signé :

MM. GUILLAUME. — CHATELARD. — E. SAVOYE. — C. GARETTE. — A. TAVERNIER. — E. M. MERLE. — CHATELARD Jean. — COLLET Michel. — SUBLET. — VELU Claude.

## CONSTATATION

L'an 1887, le 6 juillet, à 5 heures du soir, sur l'invitation de M. H. de Mortillet, les personnes ci-dessous indiquées se sont transportées sur la vigne de M. Sublet sus-désignée, où avait été faite, à la date du 24 juin dernier, une expérience du Phylloxericide Maiche.

Trois souches traitées, désignées par la Commission et les

Membres présents, ont été soigneusement déchaussées et arrachées. Il a été constaté sur chacune d'elles quelques phylloxeras, principalement aux places où l'insecticide n'avait pu agir par contact direct. Le point important était de se rendre compte si les pucerons étaient vivants ou morts. Soumis à l'examen microscopique, tous, sauf un chez lequel on a pu surprendre de légers mouvements, ont été reconnus morts et plus ou moins en voie de décomposition.

Les personnes présentes ont en outre constaté avec la plus vive satisfaction le développement, sur les trois ceps traités, extraits du sol, de nombreuses racines nouvelles, et ne présentant pas la moindre trace de renflement. Comme contre-épreuve, une seule souche non traitée, désignée au hasard, a été arrachée. On y a constaté, tant sur le corps de la souche que sur les racines principales et secondaires, la présence d'un très grand nombre de phylloxeras parfaitement vivants et en voie de multiplication très active, et aussi un développement de jeunes radicelles bien moins abondant que chez les pieds traités.

Enfin la Commission et les Membres présents constatent encore que le traitement a été effectué par un temps très sec, dans un sol argileux, et de nature plastique; toutes circonstances peu favorables à la pleine réussite du Phylloxericide.

En foi de quoi, le présent procès-verbal a été dressé et signé par les Membres présents de la Commission.

Ont signé :

MM. A. TAVERNIER. — E. SAVOYE. — CHATELARD. — DACLAUD. — L. DUBOST. — GUILLAUME. — D<sup>r</sup> CLUGNET — LEBEAU. — COLLET.

# PROCES-VERBAL

## EXPÉRIENCE DU 25 JUIN 1887

**Application du Phylloxericide Maiche sur la vigne de M. Joseph Belly, propriétaire à Sauciat, commune de Meillonnas (Ain).**

En présence de :

MM. GUICHELLET, propriétaire à Sauciat. — DE VARENNE, propriétaire à Meillonnas.— GRANDVOINET, professeur départemental d'agriculture de l'Ain. — HUDELLET, propriétaire à Josseron. — BELLY Joseph. — VIAL, garde-champêtre à Josseron. — VILLARD Louis, pharmacien à Bourg. — LONGERON, propriétaire à France. — MARTIN, agent d'affaires à Bourg. — BRUNOT, maire de Cuisiot. — ROUVIER César, propriétaire à Treffort. — GUILLOTON Alexandre, propriétaire à Sauciat. — COEUR Jean, jardinier fleuriste à Sauciat. — MARTIN Joseph, propriétaire à Sauciat, etc, etc,.

Et sous la direction de M. H. DE MORTILLET, inspecteur de la *Société Française de protection contre le Phylloxera*, dont le siège, est à Paris, rue Marsollier, n° 9.

Les soussignés déclarent avoir assisté à l'application du Phylloxericide Maiche qui a été faite, le 25 juin 1887, sur les vignes de M. Joseph BELLY propriétaire à Sauciat, commune de Meillonnas (Ain).

Cette vigne est âgée de 10 ans et phylloxérée depuis 5 ans environ.

Après avoir constaté sur plusieurs pieds la présence du phylloxera et reconnu que la vigne est bien phylloxerée, il ont désigné un carré de 90 pieds.

Le traitement a été ensuite appliqué de la manière suivante : chaque pied, déchaussé légèrement en forme de petit entonnoir, a été arrosé par une solution aqueuse contenant un pour cent de Phylloxericide Maiche.

Étaient présents :

MM. GRANDVOINET. — BELLY. — Paul MORGON — GUICHELLET. — COEUR. — FONTAINE. — GIRARDOT. — GUILLOTAU. — BARETET. — VILLARDE.

Lesquels ont nommé, d'un commun accord, une Commission spécialement chargée de suivre l'expérience. Cette Commission, qui s'est ajournée à quinzaine pour constater le résultat du traitement, se compose de 6 membres qui ont signé le présent procès-verbal.

MM. GUILLOTON. — GRANDVOINET. — BELLY. — Paul MORGON. — GUICHELLET. — VILLARD. — COEUR. — GIRARDOT.

---

# CONSTATATION

L'an 1887, le 7 juin, à 5 heures du soir, sur l'invitation de M. A. DE MORTILLET, inspecteur de la Société, les personnes ci-dessous-indiquées se sont rendues sur la vigne de M. Belly Joseph, sus-désignée, dans laquelle avait été effectuée, à la date du 25 juin dernier, une expérience du Phylloxericide Maiche.

Sur la désignation de M. Grandvoinet, professeur départemental d'agriculture, d'accord avec MM. les membres de la Commission et les autres personnes présentes, cinq souches traitées ont été successivement arrachées et scrutées dans toutes leurs parties souterraines avec la plus minutieuse attention. A la suite de cet examen, pas un seul phylloxera, en vie ou mort, n'a pu être découvert. De plus, le propriétaire de la vigne en question et les personnes présentes à l'époque du traitement ont constaté non seulement un relèvement dans la végétation extérieure, mais encore le développement, sur plusieurs pieds, de radicelles toutes nouvelles et entièrement exemptes de renflements phylloxeriques, comme contre-épreuve, deux pieds non traités, désignés au hasard et tout à fait contigus aux souches traitées, ont été extraits du sol et soigneusement examinés. Des phylloxeras en grand nombre, pleins de vie et en pleine voie de pullulation, y ont été unanimement constatés.

En foi de quoi, le présent procès-verbal a été dressé et signé par les membres présents de la Commission.

J. VILLARD. — Paul MORGON. — L.-J. GRANDVOINET. — GUICHELLET. — BELLY. — E. GIRARDOT. — Jean CŒUR. — TRABET.

# PROCÈS-VERBAL

## EXPÉRIENCE DU 16 JUIN 1887

**Application du Phylloxericide Maiche sur la vigne de M. Vidil Baptiste, propriétaire et maire à Montaren, arrondissement d'Uzès (Gard).**

En présence de :

Et sous la direction de M. DE LOCHE, inspecteur de la *Société Française de protection contre le Phylloxera*, dont le siège est à Paris, rue Marsollier, n° 9.

Les soussignés déclarent avoir assisté à l'application du Phylloxericide Maiche qui a été faite le 16 juin 1887, à 2 heures de l'après-midi, sur les vignes de M. Vidil, propriétaire et maire à Montaren (Gard).

Cette vigne est âgée de cinq ans et phylloxerée depuis deux ans environ.

Après avoir constaté sur plusieurs pieds la présence du phylloxera et reconnu que la vigne est bien phylloxerée, ils ont désigné un carré de 40 pieds.

Le traitement a été ensuite appliqué de la manière suivante : chaque pied, déchaussé légèrement en forme de petit entonnoir, a été arrosé par une solution aqueuse contenant deux pour cent de Phylloxericide Maiche.

Étaient présents :

MM. VIDIL, maire et propriétaire à Montaren. — LAMARQUE, industriel. — PLANTIER, propriétaire à Montaren. — COSTE, père et fils, jardiniers à Montaren. — BRUCIS, propriétaire à Montaren. — COLOMBIEN, instituteur à Montaren. — CAUZID père et fils, propriétaires à Montaren. — BORNE, à Montaren. — GRANIER Auguste, à Montaren. — ODOL Armand, propriétaire à Montaren. — GOLDEN, propriétaire à Montaren. — MAURY, docteur en médecine à Montaren. — Gaston CORTE, propriétaire à Filminargue. — CLARY, maître d'hôtel à Uzès. — CLARY Auguste, propriétaire à Uzès. — FONTANE, cafetier à Uzès. — Adolphe PIEYRE, de Nîmes. — Paul FINIELS, agent de la Société.

Lesquels ont nommé, d'un commun accord, une Commission spécialement chargée de suivre l'expérience. Cette Commission qui s'est ajournée à        pour constater le traitement, se compose de 15 membres qui ont signé le présent procès-verbal.

MM. Gaston CORTE. — A. CAUZID. — LAMARQUE. — A. ODOL. — PLANTIER. — G. BORNE. — COLOMBIER. — VIDIL. — GRANIER. — GOLDEN. — A. PIEYRE, ancien député. — FONTANE. — A. CLARY. — FINIELS. — COSTE Émile.

## CONSTATATION

Le 8 juillet 1887, a eu lieu la vérification de l'expérience faite le 16 juin dernier par l'application du Phylloxericide Maiche, sur les vignes de M. VIDIL Baptiste, propriétaire à Montaren (Gard).

Trois souches ont été examinées à la loupe. Sur les racines des deux premières, on n'a découvert aucun phylloxera, sur une racine de la troisième, on a constaté la présence de cinq ou six phylloxeras complètement desséchés. Les radicelles nouvelles de ces vignes étaient vigoureuses et intactes, sans aucune trace de phylloxeras.

Sur une vigne non traitée, les radicelles étaient rudimentaires et les piqûres de phylloxeras avaient causé des renflements sur lesquels on a constaté plusieurs phylloxeras.

En foi de quoi, le présent procès-verbal a été dressé et rédigé pour valoir ce que de droit.

Il apparaît que la végétation sur certaines souches atteintes et traitées par le Phylloxericide a repris une certaine vigueur. Ce n'est que plus tard qu'on saura si la reprise est sérieuse.

MM. Gaston CORTE, secrétaire du Comice agricole de l'arrondissement d'Uzès.
— FINIELS. — CAUZID. — BRUCIS.
— GARDE. — PIEYRE, ancien député.

# PROCÈS-VERBAL

## EXPÉRIENCE DU 24 JUIN 1887

**Application du Phylloxericide Maiche sur la vigne de M. Fraigneau, propriétaire aux Farcies, commune de Bergerac (Dordogne).**

En présence de :

MM. Frédéric FRAIGNEAU. — JAVERZAC père. — GRAVIER. — JOUANNEAU. — DURAND, notaire. — LAFOSSE père. — LAFOSSE fils. — POTTIER. — DE TERMES. — DUBREIL. — LAFARGUE (etc.)

Et sous la direction de M. J. HERMENT, inspecteur de la *Société Française de protection contre le Phylloxera*, dont le siège est à Paris, rue Marsollier, n° 9.

Les soussignés déclarent avoir assisté à l'application du Phylloxericide Maiche qui a été faite, le 24 juin 1887, sur les vignes de M. Fraigneau.

Cette vigne est âgée de 15 ans et phylloxerée depuis 8 ans environ.

Après avoir constaté sur plusieurs pieds la présence du phyl-

loxera et reconnu que la vigne est bien phylloxerée, ils ont désigné un carré de 550 pieds, soit 9 rangées de 60 souches chaque, étant bien observé qu'un certain nombre de souches sont mortes ou trop malades, pour bénéficier du traitement.

Le traitement a été ensuite appliqué de la manière suivante : chaque pied, déchaussé légèrement en forme de petit entonnoir, a été arrosé par une solution aqueuse contenant un pour cent de Phylloxericide Maiche.

Étaient présents :

MM. DURAND, propriétaire à St-Émilion, notaire à Bergerac. — B. LAFOSSE, propriétaire aux Farcies. — J. LAFOSSE, avocat à Bergerac. — POTTIER. — JOUHANNEAU. — S. GRAVIER, conseiller municipal à Bergerac. — A. DE TERMES, propriétaire à Bergerac. — SAVERZAC, propriétaire à Bergerac. — FRAIGNEAU, propriétaire aux Farcies. — DUBREIL, propriétaire à Bouniagues. — J. LAFARGUE, à Bergerac.

Lesquels ont nommé, d'un commun accord, une Commission spécialement chargée de suivre l'expérience. Cette Commission, qui s'est ajournée à une vingtaine de jours pour constater le résultat du traitement, se compose de 4 membres qui ont signé le présent procès-verbal.

MM. A. DE TERMES. — S. GRAVIER.
— POTTIER. — FRAIGNEAU.

# CONSTATATION

**Le 10 juillet 1887,** sur la convocation de M. J. Herment, inspecteur de la Société, nous nous sommes transportés sur les lieux du champ d'expérience ; un certain nombre de ceps ayant été arrachés et minutieusement vérifiés à la loupe, il a été impossible d'y découvrir le moindre phylloxera, tandis que, sur les racines d'une souche non traitée, des groupes de phylloxeras ont été vus parfaitement vivants. Nous avons fait arracher une souche dans une partie de la vigne, où un traitement autre que le Phylloxericide Maiche avait été appliqué, et nous avons constaté également sur les racines des groupes de phylloxeras.

En foi de quoi, le présent procès-verbal a été dressé et signé par les membres de la Commission.

MM. A. DE TERMES. — P. S. GRA-
VIER. — LAFARGUE. —
POTTIER. — FRAIGNEAU.

Étaient aussi présents à la constatation : MM. Émile CAILLOUX et FARGAUDIE, qui ont signé.

E. CAILLOUX, propriétaire à Jaures.
—FARGAUDIE, propriétaire à
Corail, par Queyssac.

# PROCÈS-VERBAL

## EXPÉRIENCE DU 26 JUIN 1887

**Application du Phylloxericide Maiche sur la vigne de M. Alexis Descombes, propriétaire à Vaux (Ain).**

En présence de :

MM. BOURDIN Alfred, propriétaire à Vaux. — LABBATIE, propriétaire à Talissieu. — CARRON, ex-notaire et suppléant du juge de paix à St-Rambert-en-Bugey. — GOYATTON Jean-Baptiste, propriétaire à Vaux. — TISSOT Alphonse, capitaine des pompiers à Vaux. — BEY Christophe, propriétaire à Talissieu. — GOYATTON Victor, propriétaire à Vaux. — DESCOMBES Alexis, propriétaire à Vaux. — VINOCHE Jean, propriétaire à Jujurieu. — VOLUZAN Louis, propriétaire à Bettau, adjoint au maire. — PITTIOU Claude-François, maire à Bettau. — REY, etc., etc.

Et sous la direction de M. H. DE MORTILLET, inspecteur de la *Société Française de protection contre le Phylloxera*, dont le siège, est à Paris, rue Marsollier, nº 9.

Les soussignés déclarent avoir assisté à l'application du Phylloxericide Maiche, qui a été faite, le 26 juin 1887, sur les vignes de M. Alexis Descombes, propriétaire à Vaux (Ain).

Cette vigne est âgée de 300 ans et plus et phylloxerée depuis quatre ans environ.

Après avoir constaté sur plusieurs pieds la présence du phylloxera et reconnu que la vigne est bien phylloxerée, ils ont désigné un carré de 150 pieds.

Le traitement a été ensuite appliqué de la manière suivante : chaque pied, déchaussé légèrement en forme de petit entonnoir, a été arrosé par une solution aqueuse contenant un pour cent de Phylloxericide Maiche.

Étaient présents :

MM. BOURDIN. — A. TISSOT. — A. DESCOMBES. — GOYATTON. — BARBE. — PITTION. — BAVOYET. — VOLUZAN. — TISSOT. — RINGUET. — REBOURS. — LA BATIE. — REY.

Lesquels ont nommé, d'un commun accord, une Commission spécialement chargée de suivre l'expérience. Cette Commission, qui s'est ajournée à quinzaine pour constater le résultat du traitement, se compose de dix membres qui ont signé le présent procès-verbal.

Ont signé :

MM. BOURDIN. — BARBE. — BOURDIN. — A. TISSOT. — GOYATTON. — PITTION. — VOLUZAN. — A. DESCOMBES. — WINOCHE. — LA BATIE.

# CONSTATATION

L'an 1887, le 8 juillet, à deux heures de l'après-midi, les personnes ci-dessus indiquées se sont transportées sur la vigne de M. Descombes Alexis, dans laquelle avait été faite, à la date du 26 juin dernier, une expérience du Phylloxericide Maiche.

Deux souches traitées ont été arrachées et des fouilles ont été pratiquées sur plusieurs autres. Sur les deux ceps extraits aucun phylloxera, ni vivant, ni mort, n'a été trouvé.

Les deux ceps non traités, extraits du sol, ont permis de constater des phylloxeras en très grand nombre et parfaitement vivants.

Sur la demande de M. de Mortillet, la Commission est unanime à reconnaître que le traitement a été fait dans de très mauvaises conditions à cause du manque absolu d'humidité dans le sol, quoique ayant doublé la quantité de mélange versé au pied de chaque cep.

En foi de quoi, le présent procès-verbal a été dressé et signé par les membres présents de la Commission.

Ont signé :

MM. BOURDIN. — A. TISSOT.
A. DESCOMBES. — GO-
YATTON. — CARRON.

# PROCÈS-VERBAL

## EXPÉRIENCE DU 3 JUIN 1887

**Application du Phylloxericide Maiche sur la vigne de M. Amelin Pleyan, propriétaire vigneron, demeurant au moulin Choy, commune d'Ingré, canton Nord-Ouest d'Orléans (Loiret).**

En présence de :

MM. Maurice DE POMMERAIE, prop., demeurant à Orléans, administrateur du Syndicat agricole d'Orléans, pour le canton nord-ouest d'Orléans. — Édouard DE LAAGE DE MURES, vice-président du même Syndicat et Henri DUNIZET secrétaire général dudit Syndicat. — FOULLON, maire d'Ingré, membre du syndicat. — MASSON-BLONDIN, vice-trésorier du Syndicat.

Et sous la direction de M. RAGUET, Inspecteur de la *Société Française de protection contre le Phylloxéra*, dont le siège est à Paris, rue Marsollier, n° 9.

Les soussignés déclarent avoir assisté à l'application du Phylloxericide Maiche qui a été faite, le 3 juin 1887, sur les vignes de M. Amelin Pleyan sus-nommé.

Cette vigne est âgée de 26 ans et phylloxerée depuis 5 ans environ.

Après avoir constaté sur plusieurs pieds la présence du phylloxera et reconnu que la vigne est bien phylloxerée, ils ont désigné un carré de 143 pieds.

Le traitement a été ensuite appliqué de la manière suivante : chaque pied, déchaussé légèrement en forme de petit entonnoir, a été arrosé par une solution aqueuse contenant un pour cent de Phylloxericide Maiche.

Étaient présents :

MM. DE POMMERAIE. — E. FOULLON. — DUNIZET. — COCHON. — PERDOUX. — PLEYAN — MOLIÉCONE. — CORDONNIER. — COCHON fils. — FOULLON. — H. CORDONNIER. — BARATIN. — AFLADRE. — AMELIN Paul.

Lesquels ont nommé, d'un commun accord, une Commission spécialement chargée de suivre l'expérience. Cette Commission, qui s'est ajournée au 21 juin pour constater le résultat du traitement, se compose de six membres qui ont signé le présent procès-verbal.

MM. DE POMMERAIE. — AMELIN. — COCHON. — E. FOULLON. — H. CORDONNIER. — PERDAUX.

---

# CONSTATATION

Le 7 Juillet 1887, sur la convocation de M. RAGUET, inspecteur, les soussignés se sont réunis au Moulin-Choix, commune d'Ingré, pour constater les effets du traitement appliqué en leur présence le 3 juin, sur la vigne de M. Amelin PLEYAN.

Sur la partie traitée, nous avons tout d'abord été frappés par l'aspect d'une végétation plus puissante que sur tout le reste du champ.

Plusieurs pieds ont été arrachés, quelques traces de phylloxera y ont encore été observées, mais en très faible quantité par rapport aux quatre faces du carré non traité, qui en étaient littéralement couvertes, de plus, des pousses nouvelles et très nombreuses sur les racines des ceps traités ont pu nous convaincre de l'efficacité du traitement au point de vue de la vigueur donnée à la vigne par le Phylloxericide Maiche.

En foi de quoi, nous avons signé le présent procès-verbal.

MM. DE POMMERAIE. — E. FOULLON, maire d'Ingré. — F. COCHON. — D. MASSON. — AMELIN.

# PROCÈS-VERBAL

## EXPÉRIENCE DU 28 JUIN 1887

**Application du Phylloxericide Maiche sur la vigne de M. Journet Thomas Pierre, propriétaire à Chindrieux (Savoie).**

En présence de :

MM. DEMOLE. — PONCET Jules. — JOURNET Thomas. — B. BERTHOD. — PERNOUD Pierre. — MICHAUD François. — Fr. PICON. — COCHET Germain. — A. CHAULAND. — PIERREGRUSSE Jean. — RIVET Laurent. — PETIT Félix. — JOURNET Angélique. — C. BERENGER. — F. JOURNET, etc., etc.

Et sous la direction de M. II. DE MORTILLET, inspecteur de la *Société Française de protection contre le Phylloxera*, dont le siège est à Paris, rue Marsollier, nᵒ 9.

Les soussignés déclarent avoir assisté à l'application du Phylloxericide Maiche qui a été faite, le **28 juin 1887**, sur les vignes de M. Journet (Thomas-Pierre), propriétaire, à Chindrieux (Savoie).

Cette vigne est âgée de 5 ans et phylloxérée depuis **2** ans environ.

Après avoir constaté sur plusieurs pieds la présence du phylloxera et reconnu que la vigne est bien phylloxerée, ils ont désigné un carré de 180 pieds.

Le traitement a été ensuite appliqué de la manière suivante : chaque pied, déchaussé légèrement en forme de petit entonnoir, a été arrosé par une solution aqueuse contenant un pour cent de Phylloxericide Maiche.

Étaient présents :

MM. PONCET Jules. — Thomas JOURNET. — BERTHOD. — PERNOUD Pierre. — MICHOS. — PICON. — COCHET Germain. — PIERREGRUSSE Jean. — A. CHAULAND. — RIVET Laurent. — Félix PETIT. — JOURNET Angélique. — BÉRENGER. — F. JOURNET.

Lesquels ont nommé, d'un commun accord, une Commission spécialement chargée de suivre l'expérience. Cette Commission, qui s'est ajournée à quinzaine pour constater le résultat du traitement, se compose de 16 membres qui ont signé le présent procès-verbal.

MM. PONCET Jules. — Thomas JOURNET. — BERTHOD. — PERNOUD Pierre. — MICHOS François. — PICON. — COCHET Germain. RIVET Laurent. — A. CHAULAND. — Félix PETIT. — A. JOURNET Angélique. — BÉRENGER.

---

## CONSTATATION

L'an 1887, le 10 juillet, à deux heures et demie du soir, sur l'invitation de M. H. DE MORTILLET, inspecteur de la Société, les personnes ci-dessous indiquées se sont rendues sur la vigne de

M. Journet (Thomas), susdésignée, dans laquelle avait été effectuée à la date du 28 juin dernier, une expérience de Phylloxericide Maiche.

Sur la désignation des personnes présentes et des membres de la Commission, trois souches traitées ont été arrachées et soigneusement examinées. Sur l'une, il a été impossible de découvrir un seul phylloxera. Sur les deux autres, il a été vu des insectes, peu nombreux il est vrai et logés profondément en terre dans des dépressions de racines où le contact direct de l'insecticide n'avait absolument pas pu pénétrer. Soumis à l'examen microscopique, les ophidiens ont paru, les uns morts et en voie de décomposition, les autres vivants.

Comme contre-épreuve, deux souches non traitées ont été déracinées. L'une n'a pas présenté de phylloxera, l'autre en était absolument couverte sur toute sa partie radiculaire. La Commission et les nombreuses personnes assistant à la vérification du résultat, constatent en outre, qu'en arrivant sur le terrain une forte odeur de l'insecticide s'exhalait du sol, indice que le traitement n'avait pas encore produit tout son effet. Enfin l'assistance est d'accord pour constater sur les souches traitées une reprise très accentuée de la végétation après 11 jours seulement du traitement.

En foi de quoi, le présent procès-verbal a été dressé et signé par les membres présents à la vérification du résultat de l'expérience du 28 juin dernier.

MM. Th. JOURNET. — COCHET Germain. — PETIT Félix. — PERNOUD. — DEMOLE. — RIVET Laurent.

# PROCÈS-VERBAL

---

## EXPÉRIENCE DU 29 JUIN 1887

---

**Application du Phylloxericide Maiche sur la vigne de M. Gex Jean propriétaire à Favasset commune de Saint-Pierre d'Albigny (Savoie).**

En présence de :

MM. le Marquis DE LA CHAMBRE. — Jules DE CUMMANN. — GEX Jean-François, maire de Saint-Pierre d'Albigny. — GEX. — PERRET J. — PERRIÈRE Fr. — GRANGER Francois. — F. RAIMOND. — RAIMOND Joseph. — GRANGER Gasparin. TISSOT Paul. — GEX Maurice. — H. MAVESCHAT. — BOUVELY Étienne. — E. BLAIS. — GEX Joseph. — BOUVET Claude. — GEX Emmanuel, etc.

Et sous la direction de M. H. DE MORTILLET, Inspecteur de la *Société Française de protection contre le Phylloxera*, dont le siège est à Paris, rue Marsollier, n° 9.

Les soussignés déclarent avoir assisté à l'application du Phylloxericide Maiche qui a été faite le 29 juin 1887, sur les vignes de M. Gex Jean, propriétaire à Favasset, commune de Saint-Pierre d'Albigny (Savoie).

Cette vigne est âgée de neuf ans et phylloxerée depuis quatre ans environ.

Après avoir constaté sur plusieurs pieds la présence du phylloxera et reconnu que la vigne est bien phylloxerée, ils ont désigné un carré de 150 pieds.

Le traitement a été ensuite appliqué de la manière suivante : chaque pied déchaussé légèrement en forme de petit entonnoir a été arrosé par une solution aqueuse contenant un pour cent de Phylloxericide Maiche.

Étaient présents :

MM. GEX Jean. — DE CUMMANN. — GEX. — PERNIN. — PERRET. — PERRIÈRE Fr.— GRANGER François.— RAIMOND Jules. F. RAIMOND. — GRANGER Gasparin. — GEX Maurice. — TISSOT Paul. — H. MAVESCHAT. — BOUVET Étienne. — E. BLAIS. — Joseph GEX. — Claude BOUVET.

Lesquels ont nommé. d'un commun accord, une Commission spécialement chargée de suivre l'expérience. Cette Commission, qui s'est ajournée à quinzaine pour constater le résultat du traitement, se compose de treize membres qui ont signé le présent procès-verbal.

MM. Marquis DE LA CHAMBRE. — F. RAIMOND. — RAIMOND Jules. — Jules DE CUMMANN. — GEX. — TISSOT Haul. — GEX Maurice. — H. MAVESCHAT. — E. BLAIS. — GRANGER G. — BOUVET Étienne. — Joseph GEX. — Claude BOUVET.

# CONSTATATION

**L'an 1887, le 11 juillet,** à six heures et demie du matin, sur l'invitation de M. H. de MORTILLET, inspecteur de la Société, les personnes ci-dessous désignées se sont rendues sur la vigne de M. Gex sus désignée, dans laquelle avait été effectuée, à la date du 29 juin dernier, une expérience de Phylloxericide Maiche.

Six souches traitées ont été arrachées et soigneusement examinées dans toutes leurs parties radiculaires. Sur une on n'a pu découvrir aucun insecte; sur les cinq autres, il a été trouvé quelques phylloxeras vivants, généralement situés à l'extrémité des racines.

Comme contre-épreuve, il a été arraché quatre souches non traitées. Sur chacune d'elles, l'ophidien a été trouvé en très grande abondance et en pleine voie de pullulation.

Le système radiculaire des souches traitées a été aussi comparé à celui des souches non traitées. Sur les premières, il a été constaté la formation et la présence de nouvelles radicelles entièrement exemptes de phylloxeras.

Sur les secondes, la formation de nouvelles racines a été trouvée et reconnue très faible, et la présence du phylloxera a été constatée sur les quelques racines nouvellement développées.

Sur la demande de M. H. de Mortillet, la Commission constate en outre, que le traitement a été effectué dans un sol très sec et qu'aucune pluie n'est survenue depuis l'application de l'insecticide pour favoriser et compléter l'action du liquide.

En foi de quoi, le présent procès-verbal a été dressé et signé par les Membres de la Commission et les personnes présentes.

# PROCÈS-VERBAL

---

## EXPÉRIENCE DU 27 JUIN 1887

---

**Application du Phylloxericide Maiche sur la vigne de M Jean Quétant propriétaire à Veyrier près Annecy (Haute-Savoie).**

En présence de :

MM. E. RIGAUX, professeur départemental d'agriculture. — DEMÔLE. — FOURNIER François-Marie. — A. LACOMBE. — FOURNIER François. — J. QUÉTANT. — A. QUÉTANT. — M. QUÉTANT, etc.

Et sous la direction de M. H. DE MORTILLET, inspecteur de la *Société Française de protection contre le Phylloxera*, dont le siège est à Paris, rue Marsollier, n° 9.

Les soussignés déclarent avoir assisté à l'application du Pylloxericide Maiche qui a été faite le 27 juin 1887, sur les vignes de M. Jean Quétant, propriétaire à Veyrier, près Annecy (Haute-Savoie).

Cette vigne est âgée de douze ans et phylloxerée depuis sept ans environ.

Après avoir constaté sur plusieurs pieds la présence du phyl-

loxera et reconnu que la vigne est bien phylloxerée, ils ont désigné un carré de 130 pieds.

Le traitement a été ensuite appliqué de la manière suivante : chaque pied, déchaussé légèrement en forme de petit entonnoir, a été arrosé par une solution aqueuse contenant un pour cent de Phylloxericide Maiche.

Étaient présents :

MM. E. Rigaux. — Demôle. — Fournier François-Marie. — A. Lacombe. — Fournier François. — J. Quétant. — A. Quétant. — M. Quétant.

Lesquels ont nommé, d'un commun accord, une Commission spécialement chargée de suivre l'expérience. Cette Commission, qui s'est ajournée à quinzaine pour constater le résultat du traitement, se compose de 8 membres qui ont signé le présent procès-verbal.

MM. E. Rigaux. — Demole. — Fournier François. — Marie. — Lacombe. — Fournier François. — A. Quétant. — J. Quétant. — M. Quétant.

---

## CONSTATATION

L'an 1887, le 9 juillet, à 10 heures 1/2 du matin, sur l'invitation de M. H. de Mortillet, Inspecteur de la Société, les personnes ci-dessous indiquées se sont rendues sur la vigne de M. Quétant (Jean), sus-désignée, dans laquelle avait été effectuée, à la date du 26 juin dernier, une expérience du Phylloxericide Maiche.

Sur la désignation de MM. les Membres de la Commission,

cinq souches ont été successivement arrachées et soigneusement examinées dans leurs parties radiculaires. On a pu découvrir sur une longueur de racines mesurant environ 4 à 5 mètres, deux phylloxeras qui ont été soumis à l'examen microscopique. L'un a été unanimement reconnu mort et en voie de décomposition; l'autre a été trouvé vivant.

Comme contre-épreuve, trois souches non traitées, et tout à fait contiguës aux ceps traités, ont été extraites du sol. Sur deux, dont les racines principales et secondaires étaient presque complètement pourries, il n'a été constaté aucun phylloxera. La troisième a permis de voir un nombre considérable d'ophidiens. En outre, sur la demande de M. H. de MORTILLET, la Commission a été unanime à constater que l'odeur de l'insecticide était encore très prononcée au moment de la vérification de résultat.

En foi de quoi, le présent procès-verbal a été dressé et signé par les Membres de la Commission.

# PROCÈS-VERBAL

## EXPÉRIENCE DU 27 JUIN 1887

**Application du Phylloxericide Maiche sur la vigne des Missionnaires du Sacré-Cœur, à Issoudun (Indre).**

En présence de MM. GAIGNAULT, imprimeur, directeur du journal « L'Écho des Marchés »; Jules VOISIN, propriétaire, conseiller municipal; MASSON, propriétaire; ÉTAVE, notaire; NEVEU, avoué; COUSIN BUSCARD, MASSON, DELAIGUE, MANDEREAU, COQUIAU;

Et sous la direction de M. P. LABREUIL, administrateur de la *Société Française de protection contre le Phylloxera*, dont le siège est à Paris, rue Marsollier, n° 9 ;

Les soussignés déclarent avoir assisté à l'application du Phylloxericide Maiche qui a été faite, le 27 juin 1887, sur les vignes des Missionnaires du Sacré-Cœur, à Issoudun (Isère), situées près leur établissement.

Cette vigne est âgée de douze ans et phylloxerée depuis trois ans environ.

Après avoir constaté sur plusieurs pieds la présence du phylloxera et reconnu que la vigne est bien phylloxerée, ils ont désigné un carré de 6 pieds de largeur sur 40 pieds de longueur.

Le traitement a été ensuite appliqué de la manière suivante : chaque pied, déchaussé légèrement en forme de petit entonnoir, a été arrosé par une solution aqueuse contenant un pour cent de l'hylloxéricide Maiche.

Étaient présents :

MM. VOISIN (Jules). — GAIGNAULT (Alphonse). — MASSON. — COUSIN-BUSCARD. — ÉTAVE. — COQUIAU. — MANDEREAU. — DELAIGUE. — BATARD, — MITON ;

Lesquels ont nommé, d'un commun accord, une Commission spécialement chargée de suivre l'expérience. Cette Commission, qui s'est ajournée au 15 juillet pour constater le résultat du traitement, se compose de six membres qui ont signé le présent procès-verbal.

---

## CONSTATATION

**Le vendredi 15 juillet,** sur la convocation de M. LABREUIL, nous nous sommes rendus aux vignes traitées le 27 juin.

Plusieurs pieds, pris à différents endroits, furent arrachés, examinés à la loupe. Les racines ne laissaient voir aucun phylloxera. Tous ceux qui existaient avant le traitement avaient totalement disparu. La décomposition était telle qu'il ne restait aucune trace de phylloxera.

La Commission a remarqué que de nouvelles radicelles s'étaient formées depuis quelques jours.

Des pieds non traités ont été arrachés, et les membres présents ont vu que les racines étaient couvertes de nombreux phylloxeras jaunes.

En foi de quoi le présent procès-verbal a été signé par les membres de la Commission :

MM. Delaigue. — Cousin Buscard. — A. Masson. — Étave. — Neveu. — Gaignault.

# PROCÈS-VERBAL

## EXPÉRIENCE DU 7 JUILLET 1887

**Application du Phylloxericide Maiche sur la vigne de M. Honoré Gassies, adjoint au maire de Barsac (Gironde).**

En présence de:...

Et sous la direction de M. FAYONT, inspecteur de la *Société Française de protection contre le Phylloxera* dont le siège est à Paris, rue Marsollier, n° 9.

Les soussignés déclarent avoir assisté à l'application du Phylloxericide Maiche, qui a été faite le 7 juillet.

Cette vigne est âgée de neuf ans et phylloxerée depuis trois ans.

Après avoir constaté sur plusieurs pieds la présence de nombreux phylloxeras et reconnu que la vigne est bien phylloxerée, il a été choisi un carré de cent pieds.

Le traitement a été ensuite appliqué de la manière suivante: chaque pied, déchaussé légèrement en forme de petit entonnoir, a été arrosé par une solution aqueuse contenant deux pour cent de Phylloxericide Maiche.

Étaient présents.

MM. DUPEYRON, prop. — DUGOUA, prop. — LALANDE, prop. — PIGANEAU, prop. — DESTANQUE, prop. — CAZENTRE, prop. — VERDALE, prop. — MÉDEVILLE, prop. — J. Gassies, prop. — Honoré GASSIES, adjoint au maire. — DANEY, homme d'affaires de M. G. BOIREAU. — CARDONNE, prop.

## CONSTATATION

**Le 22 Juillet 1887,** en présence des soussignés et sous la direction de M. FAYONT, inspecteur, les Messieurs qui avaient assisté à l'opération du Phylloxericide Maiche, le 7 juillet dernier, sur la vigne de M. GASSIES, adjoint au maire de Barsac,

Déclarent s'être rendus sur le même terrain ayant servi aux expériences.

Après avoir vérifié vingt pieds, ils n'ont constaté sur les racines la présence d'aucun phylloxera.

A la suite de cette constatation, on a fait examiner des racines non traitées voisines du traitement; la présence de nombreux phylloxera a été constatée.

En foi de quoi a été dressé et signé le présent procès-verbal.

MM. Honoré GASSIES, adjoint. — DESTANQUE, prop. — VERDAL, prop. — E. LALANDE, prop. — CARDONNE, homme d'affaires de Monsieur Chaines — H. LALANDE, prop. — J. GASSIES, prop. — LATASTE, prop. — FERBAS, prop. — DUROU, prop.

# PROCÈS-VERBAL

## EXPÉRIENCE DU 10 JUILLET 1887

**Application du Phylloxericide Maiche sur la vigne de
MM. Déjean et Nercam.**

En présence de :

Et sous la direction de M. Fayont, inspecteur de la *Société
Française de protection contre le Phylloxera*, et sous les auspices du comice agricole de La Réole :

Les soussignés déclarent avoir assisté à l'application du Phylloxericide Maiche qui a été faite, le 10 juillet 1887, sur les vignes de
MM. Déjean et Nercam.

Après avoir constaté sur plusieurs pieds la présence de nombreux phylloxeras et reconnu que la vigne était bien phylloxerée,
il a été traité chez M. Déjean un carré de 80 pieds et chez M. Nercam un carré de 20 pieds, en tout 100 pieds traités.

Le traitement a été appliqué de la façon suivante : chaque
pied, déchaussé en forme de petit entonnoir, a été arrosé d'une solution aqueuse contenant deux pour cent de Phylloxericide Maiche.

D'un commun accord il a été décidé que la vérification de ces traitements était fixée au 24 juillet 1887.

*Saint-Pierre d'Aurillac, le 10 juillet 1887.*

> MM. Déjean Cyprien, conseiller d'arrondisse ent. — Branlat, des quatre journaux. — Pontays, propriétaire. — Laveau, propriétaire. — Chevassier, propriétaire. — Fermis, propriétaire. — L. Lespes, propriétaire. — Nercam, propriétaire. — Mauriac, propropriétaire. — V. Pontays, propriétaire. — Ganau, propriétaire. — Dubourg, propriétaire. — Fermis, propriétaire. — T. Robert, propriétaire. — Couraud, directeur de la Ferme-école. — Thévenin, sous-directeur.

---

## CONSTATATION

Le 24 juillet 1887, en présence de M. Fayont, inspecteur de la *Société Française de protection contre le Phylloxera* ,

Les soussignés qui avaient assisté à l'opération du Phylloxericide Maiche, le 10 juillet 1887, sur la vigne de M. Déjean Cyprien, conseiller d'arrondissement, et Nercam, déclarent s'être transportés sur le terrain ayant servi aux expériences.

Après avoir vérifié 13 pieds ils n'ont constaté sur les racines la présence d'aucun phylloxera.

A la suite de cette constatation, on a fait examiner des racines du même vignoble n'ayant pas été traitées, la présence de nombreux phylloxeras a été constatée.

*Saint-Pierre d'Aurillac, le 24 juillet 1887.*

MM. Déjean Cyprien, conseiller d'arrondissement. — Branlat, des quatre-journaux. — Chevassier, propriétaire. — J. Nercam. — Desarneaux, propriétaire. — J. Pontays, propriétaire. — Daney, propriétaire. — Fermis, propriétaire. — Ganau, propriétaire. — P. Fermis, propriétaire. — Couraud, directeur de la Ferme-école de la Gironde. — Thévenin, sous-directeur. — T Robert.

# LISTE

DES

## REPRÉSENTANTS DE LA SOCIÉTÉ

### AIN

Arrondissements de **Bourg, Belley, Gex, Nantua.** — REBOURS, propriétaire à Vaux, par Lagnieu (Ain).
Arrondissement de **Trévoux.** — GUYOT, économe des hospices de Trévoux.

### ALLIER

*Sans représentant.*

### ALPES (BASSES-)

GORDE, propriétaire aux Mées.

### ALPES (HAUTES-)

Arrondissement de **Gap.** — LÉOUFFRE, viticulteur, rue Trésorerie, à Gap.
Arrondissement d'**Embrun.** — ANTHOINE, médecin-vétérinaire, à Embrun.

### ALPES-MARITIMES

*Sans représentant.*

### ARDÈCHE

Arrondissement de **Privas.** — Cantons de Antraigues, Chomérac, Lavoulte, **Privas, Rochemaure, Saint-Pierre-ville,** — VIALET, propriétaire viticulteur à Bourdely-Privas. — Cantons d'Aubenas, Bourg Saint-Andéol, Villeneuve-de-Berg, Viviers. — *Sans représentant.*
Arrondissement de **Largentière.** — *Sans représentant.*
Arrondissement de **Tournon.** — BÉOLET, propriétaire, maire de Lemps, à Lemps, par Tournon.

## ARIÈGE

*Sans représentant.*

## AUDE

CONQUET et Cie, propriétaires, courtiers en vins, à Alet.

## AVEYRON

Arrondissement de **Rodez**. — DURAND, à Marcillac, expert du comice viticole.

Arrondissement d'**Espalion**. — MALBOSC, à Espalion, expert géomètre de l'arrondissement.

Arrondissement de **Millau**. — CANTAREL, propriétaire, boulevard de l'Ayrolle, à Millau.

Arrondissement de **Saint-Affrique**. — *Sans représentant.*

Arrondissement de **Villefranche**. — CAZES, horticulteur, rue Villeneuve, à Villefranche.

## CANTAL

*Sans représentant.*

## CHARENTE — CHARENTE-INFÉRIEURE

THONNARD DU TEMPLE, à Le Pas, par Loudun (Vienne).

## CHER

CHAVANNES, négociant en grains et engrais, à Dun-sur-Auron.

## CORRÈZE

*Sans représentant.*

## CORSE

J. MICHELETTI, boulevard Paoli, à Bastia.

## COTE-D'OR

GIRARD, distillateur, à Savigny-les-Beaune.

## CREUSE

*Sans représentant.*

# DORDOGNE

**Arrondissement de Bergerac.** — LAFARGUE, négociant en vins, à Bergerac, rue du Pont-Saint-Jean, n° 32.

**Arrondissements de Périgueux, Nontron, Ribérac, Sarlat.** — TENANT, agent commercial du Syndicat libre des agriculteurs du Périgord, à Périgueux, rue Éguillerie, n° 4.

# DOUBS

DROMARD, à Paris, 8, place du Trocadéro.

# DROME

GRENIER, horticulteur propriétaire, à Romans.

# GARD

**Arrondissements de Nîmes, Alais, Le Vigan.** — PENOT, représentant de maisons d'Engrais, rue Ruffi, n° 11, à Nîmes.

**Arrondissement d'Uzès.** — Cantons de **Bagnols, Pont-Saint-Esprit.** — DANJAUME, à Mondragon (Vaucluse). — Cantons de **Saint-Chaptes, Lussan, Remoulins, Roquemaure, Uzès, Villeneuve-lès-Avignon.** — FINIELS, négociant en graines fourragères, à la Calmette.

# GARONNE (HAUTE-)

HÉBRARD, à Toulouse, place Saint-Sernin, n° 6.

# GERS

**Arrondissements de Auch, Condom, Lombez, Mirande.** — DORBES, droguiste et agent de la Paternelle, à Auch.

**Arrondissement de Lectoure.** — LARY, rentier, propriétaire, rue Monge, à Fleurance.

# GIRONDE

De SAINT-AMAND, rue Fondaudège, 15, à Bordeaux.

# HÉRAULT

**Arrondissements de Lodève, Montpellier.** — ESTÈVE, agent de la New-York, fait commerce de plants américains, à Montpellier, rue Nationale, 19.

**Arrondissements de Béziers, Saint-Pons.** — *Sans représentant.*

## INDRE

Arrondissement de **Le Blanc**. — DE MALINGUEHEN, à Jartraux, par Tournon-Saint-Martin.

Arrondissement d'**Issoudun**. — DELAIGUE, pharmacien à Issoudun.

Arrondissements de **Châteauroux, La Châtre**. — *Sans représentant.*

## INDRE-ET-LOIRE

BERTRAND, banquier, à Chinon.

## ISÈRE

DE MORTILLET, à Meylan, près Grenoble.

## JURA

DROMARD, à Paris, 8, place du Trocadéro.

## LANDES

Arrondissements de **Mont-de-Marsan, Saint-Sever**. — LASSERRE, propriétaire, route de Grenade, à Mont-de-Marsan.

Arrondissement de **Dax**. — *Sans représentant.*

## LOIR-ET-CHER

BERTRAND, banquier, à Chinon.

## LOIRE

*Sans représentant.*

## LOIRE (HAUTE-)

*Sans représentant.*

## LOIRE-INFÉRIEURE

THONNARD DU TEMPLE, à Le Pas, par Loudun (Vienne).

## LOIRET

BARANGER, à Paris, 3, rue Louis-le-Grand.

## LOT

Arrondissements de **Cahors, Figeac**. — VINCENS, horticulteur, à Cahors.

Arrondissement de **Gourdon**. — BRUNO Hippolyte, horticulteur, à Gourdon.

## LOT-ET-GARONNE

Arrondissement d'**Agen**. — LACAZE, à Agen, cours Victor Hugo (Pressoirs et machines agricoles).

Arrondissement de **Marmande**. — CHIROLD, agent de la C$^{te}$ d'assurances *Le Monde*, à Marmande.

Arrondissement de **Nérac**. — MELLAC, ancien notaire, rue de Bordeaux, à Nérac.

Arrondissement de **Villeneuve-sur-Lot**. — DORDÉ, banquier, à Villeneuve-sur-Lot.

## LOZÈRE

*Sans représentant.*

## MAINE-ET-LOIRE

BERTRAND, banquier, à Chinon (Indre-et-Loire).

## PUY-DE-DOME

*Sans représentant.*

## PYRÉNÉES (BASSES-)

*Sans représentant.*

## PYRÉNÉES (HAUTES-)

*Sans représentant.*

## PYRÉNÉES-ORIENTALES

JOFFRE, propriétaire, rue Perpignan, 3, à Rivesaltes.

## RHONE

Arrondissement de **Lyon**. — PLISSONNIER, Directeur de l'Agence du Crédit agricole, cours Lafayette, 178, à Lyon.

Arrondissement de **Villefranche**. — Cantons de : **Anse, Bois d'Oingt, La Mure, Tarare, Thizy, Villefranche-sur-Saône**. — PLISSONNIER, cours Lafayette, 178, à Lyon.

Cantons de **Beaujeu, Belleville, Monsols**. — BONNEVAY-DEPARDON, propriétaire viticulteur, à Fleurie.

## BOUCHES-DU-RHONE

Arrondissements de **Marseille, Aix**. — ESTIENNE, à Aix, rue du 4 Septembre.

Arrondissement d'**Arles**. — GAY, propriétaire, agent d'Assurances, rue du Collège, n° 14, à Arles.

## SAONE (HAUTE-)

DROMARD, à Paris, 8, place du Trocadéro.

## SAONE-ET-LOIRE

Arrondissement de **Mâcon**. — Canton de la **Chapelle-de-Guinchay**. — BON-NEVAY-DEPARDON, propriétaire viticulteur, à Fleurie (Rhône).

Cantons de : **Cluny, Lugny, Mâcon, Matour, Saint-Gengoux-le-Royal, Tournus, Tramayes**. — LABRUYÈRES frères, négociants en produits chimiques, 15, rue Dombey, à Mâcon.

Arrondissement d'**Autun**. — J. BONNEAU, viticulteur, à Mercurey par le Bourgneuf.

Arrondissement de **Charolles**. — LABRUYÈRES frères, à Mâcon.

Arrondissement de **Louhans**. — *Sans représentant*.

## SARTHE

AVRIL, Agent des Magasins généraux de Paris, 53, Avenue Thiers, Le Mans.

## SAVOIE

Arrondissement de **Chambéry**. — Cantons de **Chambéry, La Motte Servolex**. — ROSSI, agent d'affaires, 3, rue Juiverie, à Chambéry.

Cantons d'**Aix-les-Bains, Albens, Ruffieux**. — RENAUD fils, quincailler, rue de Genève, 26 *bis*, à Aix-les-Bains.

Cantons de **Chamoux, Châtelard, Saint-Pierre d'Albigny**. — ESTAŸ, pharmacien à Saint-Pierre-d'Albigny.

Cantons de : **Les Échelles, Pont de Beauvoisin, Saint-Génix, Yenne**. — BARBIER, propriétaire, à Saint-Génix-sur-Guiers.

Cantons de **Montméliand, La Rochette**. — DE MORTILLET, à Meylan, près Grenoble.

Arrondissement d'**Albertville**. — Cantons d'**Albertville, Beaufort, Ugine**. — VIARD, marchand d'instruments agricoles à Albertville.

Canton de **Grésy-sur-Isère**. — ESTAŸ, à Saint-Pierre-d'Albigny.

Arrondissement de **Moutiers**. — MUGNIER, négociant à Moutiers.

Arrondissement de **Saint-Jean-de-Maurienne**. — GRANGE, comptable à Saint-Jean-de-Maurienne, rue du Collège.

## SAVOIE (HAUTE-)

FOLLIET, négociant, rue Sommeiller, 7, à Annecy.

## SEINE, SEINE-ET-MARNE, SEINE-ET-OISE

BARANGER, 3, rue Louis-le-Grand, Paris.

## DEUX-SÈVRES

BERTRAND, banquier, à Chinon.

## TARN

Arrondissement d'**Albi**. — AMANS, marchand droguiste, rue Carmaux, à Albi.

Arrondissement de **Castres**. — MILLET, Agent de la Maison d'engrais « Joulie Lagache », 25, Grande rue, à Castres.

Arrondissement de **Gaillac**. — BOUSQUET, propriétaire, courtier en vins, rue Magdeleine, à Gaillac.

Arrondissement de **Lavaur**. — AMILHAU, négociant en soufre, rue Alsace-Lorraine, Lavaur.

## TARN-ET-GARONNE

HÉBRARD, 6, place Saint-Sernin, à Toulouse.

## VAR

Arrondissements de **Brignols**, **Draguignan**. — ESTIENNE, rue du 4 Septembre, à Aix.

Arrondissement de **Toulon**. — BROQUIER, propriétaire, négociant en vins, au Pradet, près Toulon.

## VAUCLUSE

Arrondissements d'**Avignon**, **Apt**, **Carpentras**. — GOUTAREL et CARTOUX, agents pour engrais chimiques, au Pontet d'Avignon.

Arrondissement d'**Orange**. — DANJAUME, négociant en engrais, à Mondragon.

## VENDÉE. VIENNE

THONNARD DU TEMPLE, à Le Pas, par Loudun, Vienne.

## VIENNE (HAUTE-)

MONSACRÉ, propriétaire, agent de la Compagnie d'Assurances Générales, à Saint-Junien.

## YONNE

Arrondissements d'**Auxerre, Avallon, Tonnerre.** — *Sans représentant.*
Arrondissements de **Joigny, Sens** — BOYER, faubourg Saint-Pregts, à Sens.

———

NOTA. — *Les commandes de* **PHYLLOXERICIDE MAICHE** *doivent être adressées aux représentants de la Société désignés ci-dessus.*

*Pour les quelques départements où la Société n'a pas de représentant, les commandes doivent être adressées au* Secrétaire Général, *au siège social de la Société, 9, rue Marsollier, Paris.*

2410. — Poitiers, Imprimerie BLAIS, ROY et Cⁱᵉ, 7, rue Victor-Hugo.

www.ingramcontent.com/pod-product-compliance
Lightning Source LLC
LaVergne TN
LVHW020656200726
843508LV00002B/794